QIDONG YU YEYA JISHU XIANGMUHUA JIAOCHENG

# 气动与液压技术
## 项目化教程

主　编◎周　晶
副主编◎姜　明　郭联金　刘云志

上海交通大学出版社
SHANGHAI JIAO TONG UNIVERSITY PRESS

**内容提要**

全书内容包括气动技术和液压技术两部分,通过 13 个学习项目来强化学生的操作技能,内容包括气动与液压的基础知识、气源装置、气动元件、气动基本回路、气动系统的应用和维护、液压元件、液压基本回路和应用以及液压系统的安装和维护等。本书强调气动与液压元件的选用与拆装,控制回路的设计与组装,气动与液压系统的组建、调试及故障排除等实践操作;着重于学生知识应用综合技能和创新能力的培养。本书为高职高专院校机电专业、自动化类专业及机械专业的教学用书,也可作为应用型本科、成人教育、自学考试、开放大学、中职学校等教材,以及企业工程技术人员的参考书。

**图书在版编目(CIP)数据**

气动与液压技术项目化教程/ 周晶主编. —上海:
上海交通大学出版社,2017(2020 重印)
ISBN 978 - 7 - 313 - 16926 - 6

Ⅰ.①气…　Ⅱ.①周…　Ⅲ.①气压传动-高等职业教育-教材②液压传动-高等职业教育-教材　Ⅳ.
①TH138②TH137

中国版本图书馆 CIP 数据核字(2017)第 074748 号

**气动与液压技术项目化教程**

主　　编:周　晶
出版发行:上海交通大学出版社　　　　　地　　址:上海市番禺路 951 号
邮政编码:200030　　　　　　　　　　　电　　话:021 - 64071208
印　　制:当纳利(上海)信息技术有限公司　经　　销:全国新华书店
开　　本:787 mm×1092 mm　1/16　　　印　　张:15.75
字　　数:322 千字
版　　次:2017 年 9 月第 1 版　　　　　　印　　次:2020 年 12 月第 9 次印刷
书　　号:ISBN 978 - 7 - 313 - 16926 - 6
定　　价:58.00 元

# 东莞职业技术学院
# 校本教材编委会

# 总　序

依据生产服务的真实流程设计教学空间和课程模块,通过真实案例和项目激发学习者在学习、探究和职业上的兴趣,最终促进教学流程和教学方法的改革,这种体现真实性的教学活动,已经成为现代职业教育专业课程体系改革的重点任务,也是高职教育适应经济社会发展、产业升级和技术进步的需要,更是现代职业教育体系自我完善的必然要求。

近年来,东莞职业技术学院深入贯彻国家和省市系列职业教育会议精神,持续推进教育教学改革,创新实践"政校行企协同,学产服用一体"人才培养模式,构建了"学产服用一体"的育人机制,将人才培养置于"政校行企"协同育人的开放系统中,贯穿于教学、生产、服务与应用四位一体的全过程,实现了政府、学校、行业、企业共同参与卓越技术技能人才培养,取得了较为显著的成效,尤其是在课程模式改革方面,形成了具有学校特色的课程改革模式,为学校人才培养模式改革提供了坚实的支撑。

学校的课程模式体现了两个特点:一是教学内容与生产、服务、应用的内容对接,即教学课程通过职业岗位的真实任务来实现,如生产任务、服务任务、应用任务等;二是教学过程与生产、服务、应用过程对接,即学生在真实或仿真的"产服用"典型任务中,也完成了教学任务,实现教学、生产、服务、应用的一体化。

本次出版的系列校本教材是"政校行企协同,学产服用一体"人才培养模式改革的一项重要成果,它打破了传统教材按学科知识体系编排的体例,根据职业岗位能力需求以模块化、项目化的结构来重新架构整个教材体系,较于传统教材主要有三个方面的创新:

一是彰显高职教育特色,具有创新性。教材以社会生活及职业活动过程为导向,以项目、任务为驱动,按项目或模块体例编排。每个项目或模块根据能力、素质训练和知识认知目标的需要,设计具有实操性和情境性的任务,体现了现代职业教育理念和先进的教学观。教材在理念上和体例上均有创新,对教师的"教"和学生的"学",具有清晰的导向作用。

二是兼顾教材内容的稳定与更新,具有实践性。教材内容既注重传授成熟稳定的、在实践中广泛应用的技术和国家标准,也介绍新知识、新技术、新方法、新设备,并强化教学内容与职业资格考试内容的对接,使学生的知识储备能够适应社会生活和技术进步的需要。教材体现了理论与实践相结合,训练项目、训练素材及案例丰富,实践内容充足,尤其是实习实训教材具有很强的直观性和可操作性,对生产实践具有指导作用。

三是编著团队"双师"结合,具有针对性。教材编写团队均由校内专任教师与校外行业专家、企业能工巧匠组成,在知识、经验、能力和视野等方面可以起到互补促进作用,能较为精准地把握专业发展前沿、行业发展动向及教材内容取舍,具有较强的实用性和针对性,从而对教材编写的质量具有较稳定的保障。

东莞职业技术学院校本教材编委会

# 前　言

　　本书根据高等职业教育和高等专科教育要求,结合最新的教学改革经验,通过学生就业岗位需求和针对职业典型工作任务的分析,按照以就业为导向、能力为本位、突出应用能力和综合素质培养的原则进行编写。全书内容包括气动技术和液压技术两部分,分13个项目,其中第1~7项为气动技术,第8~13项为液压传动。本书主要论述了气动与液压的基础知识、气源装置、气动元件、气动基本回路、气动系统的应用和维护、液压元件、液压基本回路和应用以及液压系统的安装和维护等。

　　本书在编写过程中注重理论联系实际,采用理论实践一体化教学法优化课程内容,较好地处理了理论教学与技能训练的关系,切实突出"管用、够用、适用"的教学指导思想;注重教材的针对性和实用性,侧重培养学生基本技能,尽量编入新技术和新设备内容,强调以真实项目为引导,配有工程项目应用实例作为操作训练项目,提高学生的学习兴趣,贴近工程实际,突出完成工作任务与所需知识的密切联系,强化学生知识应用综合技能和创新能力的培养,以缩短学校教育与企业需要间的距离,更好地满足企业用人的需要,体现高职教育重技能操作的教学特色。

　　本书图文并茂,通俗易懂,通过13个实训项目强化学生的操作技能。本书以项目任务为导向,可采用四步教学法、引导提示法、案例分析法、模拟教学法、演示教学法等多种方法进行教学与实践。为使学生更直观地认识到教材内容与职业岗位的关系,本书设置了"项目描述和项目分析";为更好地引导教师与学生实现教学目标,教材在每个项目中都设置了"知识目标和能力目标";为使学生掌握每小节内容的知识与技能要点,本书在正文中都提供了"跟我学和动手做";为了帮助学生实现学习目标,教材在每一个项目的最后均安排"项目小结和实践练习"。

　　本书由东莞职业技术学院周晶主编,姜明、郭联金、刘云志任副主编。其中第1～6项、第12项由周晶编写,第9～11项由姜明编写,第7、8、13项由郭联金和刘云志编写,上海宇龙软件工程有限公司涂海宝和东莞三星电机公司江新参加编写,设计课程案例。本书在编写过程中得到许多同行、专家和企业工程人员的指点,同时也从许多文献中得到有益的启发。由于编写水平有限,书中存在的不妥之处,敬请读者指正。

# 目　录

# 项目一　认识气动剪切机气动回路

 **项目描述**

东莞某电子设备有限公司专门从事研发设计、生产制造各类电测器具、工装夹具、非标自动化设备、自动化生产线、电源/充电器自动化测试系统及产品老化自动生产线。公司生产的气动剪切机如图1-1所示，采用无弯曲应力和高刚性C型结构原理设计，以电控方式、压缩空气为动力对PCB连板分板作业。对有敏感度极高SMD零件的PCB板可安全分板。分板作业时，无震动产生。气动式驱动，安静无噪声，操作简便易保养。在本项目中以剪切机为例分析气压传动系统的组成，介绍气动系统的优缺点，并用软件对剪切机回路进行仿真。

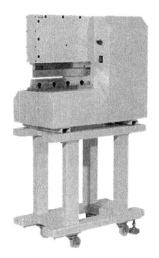

**图1-1　气动剪切机**

 **项目分析**

气动剪切机的气压传动系统由哪几部分组成才能正常工作？各部分起什么作用？如何利用仿真软件进行气压传动系统的设计？

 **知识目标**

1. 了解气压传动系统的基本组成、应用范围。
2. 了解气压传动系统的发展趋势。
3. 掌握液压与气动仿真软件FluidSIM的使用方法。
4. 掌握宇龙机电控制仿真软件的使用方法。

 能力目标

1. 了解气压传动的应用场合。
2. 会应用液压与气动仿真软件 FluidSIM 组建气动剪切机的回路并仿真运行。
3. 会应用宇龙机电控制仿真软件组建气动剪切机的回路并仿真运行。

# 任务一　认识气压传动系统

## 任务要求

通过分析气压传动的原理、组成和优缺点,初步认识气压传动系统。本项目以气动剪切机为例,使读者对气压系统有一个基础认知。

## 跟我学——气动剪切机的工作原理

液压传动与气压传动统称为流体传动,是利用有压流体(液体或气体)作为工作介质来传递动力或控制信息的一种传递方式。

近年来随着气动技术的飞速发展,气压传动在工业中得到了越来越广泛的应用,已成为当今工业科技的重要组成部分。应用领域已从汽车、采矿、钢铁、机械工业等行业迅速扩展到化工、轻工、食品、军事工业等各行各业。由于工业自动化技术的发展,气动控制技术发展的特点和研究方向主要是节能化、小型化、轻量化、位置控制的高精度化,以及与电子学相结合的综合控制技术,以提高系统可靠性,降低总成本为目标,研究和开发机、电、气一体的气压设备。气动技术在各方面的应用如图 1-2 所示。

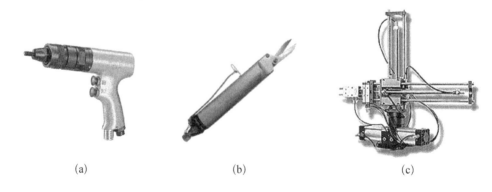

(a)　　　　　　　　　(b)　　　　　　　　　(c)

图 1-2　气动技术的应用

(a) 气动枪　(b) 气动剪刀　(c) 气动机械手

液压与气压传动的工作原理是相似的，它们都是执行元件在控制元件的控制下，将传动介质（压缩空气或液压油）的压力能转换为机械能，从而实现对执行机构运动的控制。

气压传动简称气动，是以压缩空气为工作介质进行能量传递和控制的一种传动形式。以密封容积中的压缩空气来传递运动和动力。利用多种元件组成不同功能的基本回路，再由若干个基本回路有机地组合成能完成一定控制功能的传动系统来进行能量的传递、转换和控制，以满足机电设备对各种运动和动力的要求，控制和驱动各种机械和设备，以实现生产过程机械化、自动化。

气动剪切机的工作原理如图1-3(a)所示。空气压缩机产生的压缩空气经空气过滤器1、减压阀2、油雾器3到达换向阀5，部分气体经节流通路a进入换向阀5的下腔A，使上腔弹簧压缩，换向阀阀芯位于上端；大部分压缩空气经换向阀5后由b路进入气缸6的上腔，而气缸6的下腔经c路、换向阀与大气相通，故气缸活塞处于最下端位置。

当工料送入剪板机并达到预定位置时，工料将行程阀4的阀芯向右推动，换向阀5的A腔经行程阀4与大气相通，换向阀5阀芯在弹簧作用向下运动至下端，压缩空气则经换向阀5后进入气缸的下腔，上腔经换向阀5与大气相通。气缸活塞向上运动，带动剪刀上

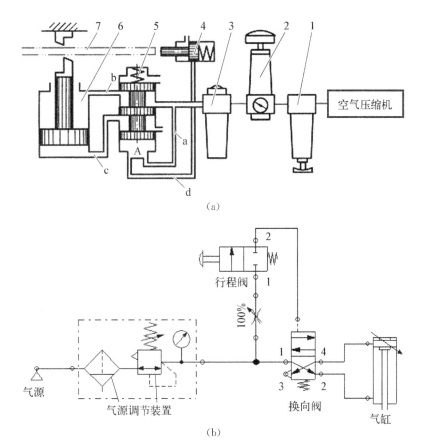

(a)

(b)

**图1-3 气动剪切机的工作原理**

(a)结构原理 (b)气动原理

行剪断工料,并随之松开行程阀4的阀芯使之复位,将排气口堵死,换向阀5的A腔压力上升,阀芯上移,使气路换向。气缸6上腔进压缩空气,下腔排气,活塞带动剪刀向下移动,系统又恢复到图示预备状态,待第二次进料剪切。图1－3(b)为用图形符号表达的气动剪切机系统。

气压传动系统的能源装置一般都设在距控制、执行元件较远的地方,通常在专用的空气压缩机房内,用管道输出给执行元件,而其他从动过滤器以后的部分一般都集中安装在气压传动工作机构附近,把各种控制元件按要求进行组合后构成气压传动回路。

## ◎ 动手做——分析剪切机气动回路的组成

步骤一:选择合适的传动介质。

在剪切机中采用气压传动,主要考虑到气压传动有以下优点:

(1) 工作介质是空气,来源方便,使用后直接排至大气,泄漏不会造成环境污染。可以保障剪切机的使用环境卫生,不会污染需要切割的电路板。

(2) 空气黏度小,流动压力损失远小于液压传动,适用于远距离输送和集中供气,系统简单。

(3) 压缩空气在管路中流速快,可直接利用气压信号实现系统的自动控制,完成各种复杂的动作,可以提高剪切机的自动化程度,保证产品的一致性。

(4) 易于实现快速的直线运动、摆动和高速转动。对于剪切机可以实现快速切割。

(5) 调速方便,与机械传动相比易于布局及操纵。

(6) 工作环境适应性好,具有防火、防爆、耐潮湿的能力。与液压方式相比,气动方式可在恶劣的环境下进行工作。

(7) 适用于标准化、系列化、通用化。可以提高剪切机的设计效率,减少制造成本。

(8) 可靠性高,使用寿命长。电气元件的有效动作次数约为数百万次,而新型电磁阀的寿命大于3 000万次,小型阀超过2亿次。能有效地提高剪切机的使用期限。

气压传动与其他传动方式相比,气压传动的主要缺点如下。

(1) 空气可压缩性大,载荷变化时,传递运动不够平稳、均匀。而剪切机对传动的平稳性要求不高。

(2) 工作压力不能过高,传动效率低,不易获得很大的力或力矩。所以采用气压传动的剪切机只适合剪切一定厚度的薄板。

(3) 工作介质没有润滑性,系统中必须采取措施进行给油润滑。在剪切机的气动回路中需要增加油雾器。

(4) 气压传动装置的信号传递速度限制在声速(约340 m/s)范围内,所以它的工作效率和响应速度远不如电子装置,并且信号要产生较大的失真和延滞,也不便于构成较复杂的回路。所以适合于剪切机这种较简单的系统。

(5) 有较大的排气噪声,尤其在超声速排气时需要加装消声器。在剪切机的气动回路换向阀5上的排气孔需要加装消声器。

步骤二：分析剪切机气动回路有哪几部分组成。

组成一个完整的气压传动系统，必须有以下五个部分：

(1) 气源装置。气压传动系统的动力元件。其主体是空气压缩机。将原动机输入的机械能转换成空气的压力能，为各种气压设备提供洁净的压缩空气。在气动剪切回路中气源装置主要是空气压缩机、空气过滤器1、减压阀2、油雾器3。

(2) 执行装置。气压传动系统的能量输出装置，它将压缩空气的压力能转换为机械能，驱动工作机构作直线运动或旋转运动。包括作直线往复运动的气缸，作连续回转运动的气马达和作不连续回转运动的摆动马达等。在气动剪切回路中执行装置主要是双作用气缸6。

(3) 控制调节装置。控制和调节压缩空气的压力、流量和流动方向，以保证系统各执行机构具有一定的输出动力和速度。主要包括各类方向阀、压力阀、流量阀和逻辑阀。在气动剪切回路中控制调节装置主要是行程阀4、换向阀5。

(4) 辅助装置。除以上三种以外的其他装置，主要包括消声器、转换器等。对保持系统正常、可靠、稳定、持久地工作起着十分重要的作用。

(5) 传动介质。气压传动系统中传递能量的气体。常用介质是压缩空气。

# 任务二　气压传动中的力、速度与功率

## ⬥ 任务要求

通过分析气压传动中的力、速度与功率，初步计算气压传动系统的各项参数。本任务以气动剪切机为例，使读者对气压系统的计算有一个基础认知。

## ⬥ 跟我学——流体静力学和动力学

流体，是与固体相对应的一种物体形态，是液体和气体的总称，由大量的、不断地作热运动而且无固定平衡位置的分子构成。它的基本特征是没有一定的形状并且具有流动性。

流体都有一定的可压缩性，液体可压缩性很小，而气体的可压缩性较大，在流体的形状改变时，流体各层之间也存在一定的运动阻力（即黏滞性）。当流体的黏滞性和可压缩性很小时，可近似看作是理想流体，它是人们为研究流体的运动和状态而引入的一个理想模型。流体是液压传动和气压传动的介质。

### 一、流体静力学及其特性

#### (一) 压力的表示方法

压力是由于气体分子热运动而互相碰撞，在容器的单位面积上产生的力的统计平均值,用 $p$ 表示。

工程上压力有两种表示方法:一种是以绝对真空作为基准所计的压力,称为绝对压力;另一种是以大气压力作为基准所计的压力,称为相对压力。由于大多数测压仪表所测得的压力都是相对压力,故相对压力也称为表压力(表压)。绝对压力与相对压力的关系为

$$绝对压力=相对压力+大气压力$$

而当某点的绝对压力小于大气压时,则将在这点上的绝对压力比大气压小的那部分数值叫作真空度,即

$$真空度=大气压-绝对压力$$

由此可知,当以大气压为基准计算压力时,基准以上的正值是表压力;基准以下的负值是真空度。

绝对压力、表压力和真空度的相互关系如图1-4所示。

**图 1-4 绝对压力、表压力和真空度的关系**

ISO规定的压力单位为帕斯卡,简称为帕,符号为 Pa,1 Pa=1 N/m²。由于这个单位很小,工程上使用不方便,因此常采用兆帕,符号为 MPa,1 MPa=$10^6$ Pa。目前,压力单位巴也很常用,它的符号是 bar,1 bar=$10^5$ Pa。

(二)流体静压力

流体静压力是指静止流体单位面积上所受的法向力,如果在流体内某质点处微小面积 $\Delta A$ 上有法向力 $\Delta F$,则 $\Delta F/\Delta A$ 的极限就定义为该处的静压力,用 $p$ 表示,即

$$p=\lim \frac{\Delta F}{\Delta A} \tag{1-1}$$

若在液体的面积上,所受的作用力 $F$ 均匀分布时,则静压力可表示为

$$p=\frac{F}{A} \tag{1-2}$$

流体静压力在物理学上称为压强,在工程实际应用中习惯上称为压力。

流体静压力垂直于作用面,其方向与该面的内法线方向一致。静止流体内任何一点所受的静压力在各个方向上都相等。

气体静压力对固体壁面的作用力:

(1) 壁面为平面:
$$F = pA = p \times \frac{\pi D^2}{4} \tag{1-3}$$

(2) 壁面为曲面:一般将总力分解成水平和垂直方向的两个分力来研究。

(三) 帕斯卡原理

在密闭容器内,施加于静止流体上的压力将以等值同时传到液体的各点,这就是帕斯卡原理,或称静压传递原理。帕斯卡的发现为封闭流体在传动和放大方面的应用开辟了道路,它也是气压、液压传动的最基本的原理。

如图1-5所示,在两个互相连通的容器中装有流体,容器的上部装有小活塞1和大活塞2,它们的面积分别为$A_1$和$A_2$,并在大活塞上面放一重物负载W。由于重物W的作用,大活塞下表面任一微细面积(点)上产生压力$p$,$p = W/A_2$。根据帕斯卡原理在忽略流体和活塞质量的情况下,要顶起负载W,就必须在小活塞上施加一个向下的力$F_1$,$F_1 = pA_1$,因而有

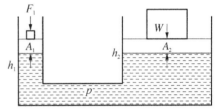

图1-5 帕斯卡原理

$$p = \frac{F_1}{A_1} = \frac{W}{A_2} \tag{1-4}$$

由此可以得到一个很重要的结论:在气压传动中工作压力取决于负载,而与流入的流体多少无关。

实质上就是在密闭的容器内的静止气体中,若某点的压力发生了变化,则该变化值将等值同时地传到气体内所有各点。主要应用体现在气压元件的工作原理上,实现力的传递和放大。

## 二、流体动力学

(一) 基本概念

1) 理想流体和稳定流动

由于流体具有黏性,只有在流动时才表现出来,而流体的黏性问题分析起来比较复杂,为了便于计算,我们引入理想流体的概念。理想流体就是指无黏性且不可压缩的流体。当流体中任一点的压力、速度和密度不随时间而变化时称为稳定流动。

2) 流量和平均流速

流量($q$):单位时间内通过某通流截面的流体的体积。常用单位为:$m^3/s$,$L/min$

$$q = V/t \tag{1-5}$$

平均流速($v$)：流体质点在单位时间内流过的距离。常用单位为：m/s,m/min

$$v = q/A \tag{1-6}$$

在实际工程中,气压缸工作时,活塞运动的速度就等于缸内气体的平均流速。

（二）连续性方程

质量守恒定律是自然界的客观规律,不可压缩气体的流动过程也遵守质量守恒定律。流量连续性方程是质量守恒定律在流体力学中的一种表现形式。

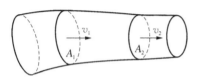

对恒定流动而言,在单位时间内流过的流体质量相等。如图1-6所示,管内两个通流截面面积为$A_1$和$A_2$,流速分别为$v_1$和$v_2$,则

图1-6　恒定流动的两个断面

$$\rho_1 v_1 A_1 = \rho_2 v_2 A_2 \tag{1-7}$$

若忽略流体的可压缩性,即$\rho_1 = \rho_2$,则通过任意截面的流量$q$为

$$q = A_1 v_1 = A_2 v_2 = 常数 \tag{1-8}$$

流量的单位通常用L/min表示,与单位$m^3/s$的换算如下：

$$1\ L = 1 \times 10^{-3}\ m^3；1\ m^3/s = 6 \times 10^{-3}\ L/min$$

式(1-8)即为连续性方程,表明运动速度取决于流量,与流体的压力无关。

（三）伯努利方程(气体能量守恒定律)

能量守恒是自然界的客观规律,流体也遵守能量守恒定律,这个规律是用伯努利方程来表达的。伯努利方程是一个能量方程,掌握这一物理意义是十分重要的。

1）理想流体伯努利方程

如图1-7所示,在恒定流动的管道中任取一段流体1—2为研究对象,设流体两截面$A_1$、$A_2$的中心到基准面0—0的高度分别为$z_1$、$z_2$,平均流速分别为$v_1$、$v_2$,平均压力分别为$p_1$、$p_2$。当流体为理想流体且做恒定流动时,有：

$$p_1 + \rho g z_1 + \frac{1}{2}\rho v_1^2 = p_2 + \rho g z_2 + \frac{1}{2}\rho v_2^2$$

由于流束的$A_1$、$A_2$截面是任取的,因此伯努利方程表明,在同一流束各截面上参数$z$、$\dfrac{p}{\rho g}$及$\dfrac{v^2}{2g}$之和是常数,即

$$\frac{p}{\rho g} + z + \frac{v^2}{2g} = C \quad （C 为常数） \tag{1-9}$$

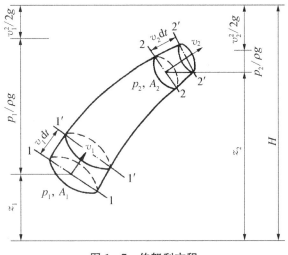

图 1-7　伯努利方程

式中，$\dfrac{p}{\rho g}$ 为单位质量流体所具有的压力能；$z$ 为单位质量流体所具有的势能；$\dfrac{v^2}{2g}$ 为单位质量流体所具有的动能。

伯努利方程的物理意义为：在密封管道内做恒定流动的理想流体在任意一个通流截面上具有三种形式的能量，即压力能、势能和动能。三种能量的总和是一个恒定的常量，而且三种能量之间是可以相互转换的，即在不同的通流截面上，同一种能量的值会是不同的，但各截面上的总能量值是相同的。

2）实际流体伯努利方程

实际流体在管道中流动时，由于流体存在着黏性，会产生摩擦力，并消耗能量；同时由于管道局部形状和尺寸的变化，也会消耗能量。因此，当流体流动时，总能量在不断减少。另外，由于实际流体在管道中流动时的流速分布是不均匀的，因而在实际计算时引入动能修正系数 $\alpha$ 来修正用平均流速代替实际流速时产生的误差。所以，实际流体的伯努利方程为

$$p_1 + \rho g z_1 + \frac{1}{2}\rho\alpha_1 v_1^2 = p_2 + \rho g z_2 + \frac{1}{2}\rho\alpha_2 v_2^2 + \Delta P_W \qquad (1-10)$$

式中，$\Delta P_W$ 为单位体积流体在两截面中流动时的能量损失；$\alpha$ 为动能修正系数，紊流时 $\alpha$ 取 1，层流时 $\alpha$ 取 2。

3）液压与气动系统中的伯努利方程

液压与气动系统是依靠压力能来进行能量传递的。系统中的压力能比动能、势能大得多，可以将动能、势能忽略不计，因此对实际流体的伯努利方程进行修改，就可得到液压与气动系统中的伯努利方程为

$$p_1 = p_2 + \Delta p \qquad (1-11)$$

式中，$p_1$ 为截面1的压力；$p_2$ 为截面2的压力；$\Delta p$ 为液体或气体从截面1流到截面2总的压力损失。该式用于确定泵的工作压力。

# 任务三　气动剪切机回路仿真
## ——FluidSIM 软件入门

### ◈ 任务要求

学习液压与气动仿真软件 FluidSIM 的基本操作，并应用仿真软件辅助设计气动剪切机的气动控制回路。

### ◈ 跟我学——FluidSIM 软件入门

FluidSIM 软件由德国 Festo 公司开发，是专门用于液压与气压传动的教学软件，FluidSIM 软件分两个软件，其中 FluidSIM - H 用于液压传动教学，而 FluidSIM - P 用于气压传动教学，FluidSIM - H 的软件操作与 FluidSIM - P 的操作基本相同。FluidSIM 软件可设计液压与气动回路相配套的电气控制回路图。通过电气控制液压回路，能充分展现各种开关和阀的动作过程。

FluidSIM 软件将 CAD 功能和仿真功能紧密联系在一起。在绘图过程中，FluidSIM 软件将检查各元件之间连接是否可行，可对基于元件物理模型的回路图进行实际仿真，观察到各元件的物理量值，如气缸的运动速度、输出力、节流阀的开度、气路的压力等，这样我们就能够预先了解回路的动态特性，从而正确地估计回路实际运行时的工作状态。这样就使回路图绘制和相应液压系统仿真相一致，从而能够在设计完回路后，验证设计的正确性，并演示回路动作过程。

#### 一、FluidSIM - P 软件新建文件和元件

FluidSIM 软件设计界面简单易懂，窗口左边显示出 FluidSIM 软件的整个元件库，其包括新建回路图所需的气动元件和电气元件。窗口顶部的菜单栏列出了仿真和创建回路图所需的功能，工具栏给出了常用菜单功能。

工具栏包括下列九组功能：

(1) 新建、浏览、打开和保存回路图 ▯ ▭ ▭ ▯ 。

(2) 打印窗口内容，如回路图和元件图片 ▣ 。

(3) 编辑回路图 ▭ ✂ ▭ ▭ 。

(4) 调整元件位置 ▭ ▭ ▭ ▭ ▭ ▭ 。

(5) 显示网格 ▦ 。

（6）缩放回路图、元件图片和其他窗口 ⊕ ⊕ ⊛ ⊖ ⊕ ⊖。

（7）回路图检查 ☑。

（8）仿真回路图，控制动画播放（基本功能）■ ▶ Ⅱ。

（9）仿真回路图，控制动画播放（辅助功能）◀◀ ▶Ⅰ Ⅰ▶ ▶▶。

单击按钮 ☐ 或在"文件"菜单下，执行"新建"命令，新建空白绘图区域，以打开一个新窗口如图 1-8 所示，每个新建绘图区域都自动含有一个文件名，且可按该文件名进行保存。这个文件名显示在新窗口标题栏上。通过元件库右边的滚动条，用户可以浏览元件。

状态栏位于窗口底部，用于显示操作 FluidSIM 软件期间的当前计算和活动信息。在编辑模式中，FluidSIM 软件可以显示由鼠标指针所选定的元件。

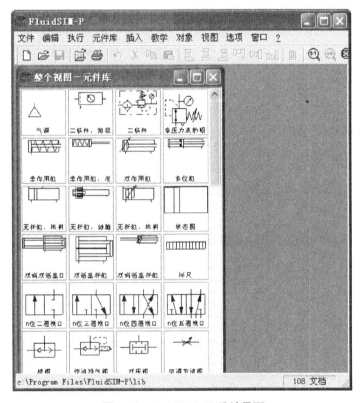

图 1-8　FluidSIM-P 设计界面

在 FluidSIM 软件中，操作按钮、滚动条和菜单栏与大多数 Microsoft Windows 应用软件相类似。

采用鼠标，用户可以从元件库中将元件"拖动"和"放置"在绘图区域上。方法如下：

将鼠标指针移动到元件库中的元件上，这里将鼠标指针移动到气缸上，单击鼠标。在保持单击期间，移动鼠标指针。则气缸被选中，鼠标指针由箭头 ⇖ 变为四方向箭头交叉 ✛ 形式，元件外形随鼠标指针移动而移动。将鼠标指针移动到绘图区域，释放鼠标左键，则气缸就被放到绘图区域里如图 1-9 所示的新建气缸元件。

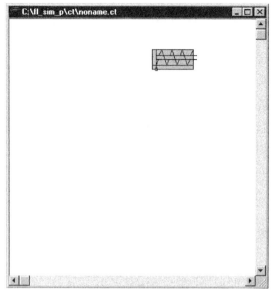

**图 1 - 9　新建气缸元件**

采用这种方法,可以从元件库中"拖动"每个元件,并将其放到绘图区域中的期望位置上。按同样方法,也可以重新布置绘图区域中的元件。拖动气缸至右上角。

为了简化新建回路图,元件自动在绘图区域中定位。

有意将气缸移至绘图区域外,如绘图窗口外,鼠标指针变为禁止符号 ⊘,且不能放下元件。

将第二只气缸拖至绘图区域上。选定第一只气缸,单击按钮 ✄ (剪切)或在"编辑"菜单下,执行"删除"命令,或者按下 Del 键删除第一只气缸。

## 二、换向阀参数设置

将 $n$ 位三通换向阀和气源拖至绘图区域上。

为确定换向阀驱动方式,双击换向阀,弹出如图 1 - 10 所示控制阀的参数设置对话框:

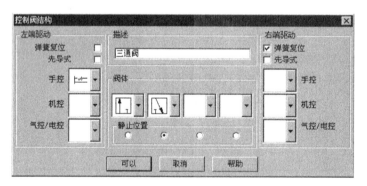

**图 1 - 10　控制阀的参数设置对话框**

◆ **左端、右端驱动**

换向阀两端的驱动方式可以单独定义,其可以是一种驱动方式,也可以为多种驱动方式,如"手动"、"机控"或"气控/电控"。打开驱动方式下拉菜单,可以设置驱动方式,若不希望选择驱动方式,则应直接从驱动方式下拉菜单中选择空白符号。不过,对于换向阀的每一端,都可以设置为"弹簧复位"或"气控复位"。

◆ **描述**

这里键入换向阀名称,该名称用于状态图和元件列表中。

◆ 阀体

换向阀最多具有四个工作位置,对每个工作位置来说,都可以单独选择。打开阀体下拉菜单并选择图形符号,就可以设置每个工作位置。若不希望选择工作位置,则应直接从阀体下拉菜单中选择空白符号。

◆ 静止位置

该按钮用于定义换向阀的静止位置(有时也称中位),静止位置是指换向阀不受任何驱动的工作位置。注意:只有当静止位置与弹簧复位设置相一致时,静止位置定义才有效。

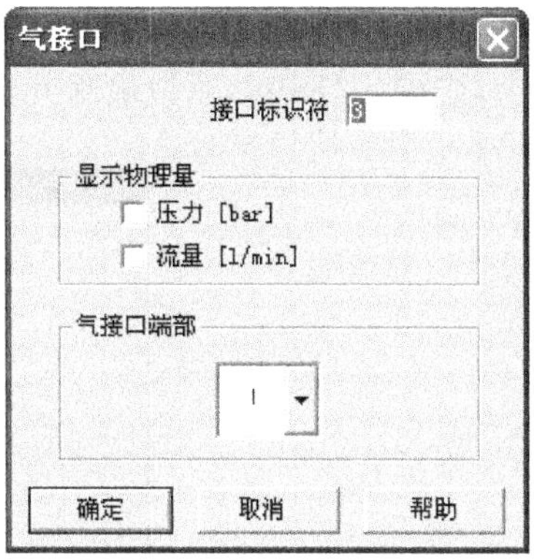

从左边下拉菜单中选择带锁定手控方式,换向阀右端选择"弹簧复位",单击"确定"按钮,关闭对话框。

◆ 指定气接口 3 为排气口

双击气接口"3",弹出一个如图 1-11 所示气接口对话框,打开气接口端部下拉菜单,选择一个图形符号,从而确定气接口形式。

选择排气口符号(表示简单排气),关闭对话框。

图 1-11 气接口对话框

## 三、元件连接

在编辑模式下,将鼠标指针移动到气缸接口上时,单击并移动鼠标指针。注意:鼠标指针形状变为十字线圆点箭头形式⊕。

保持鼠标左键,将鼠标指针⊕移动到换向阀 2 口上。注意:鼠标指针形状变为十字线圆点箭头向内形式⊕。释放鼠标左键。

在两个选定气接口之间,立即就显示出气管路如图 1-12 所示元件管路连接。

FluidSIM 软件在两个选定的气接口之间自动绘制气管路。当在两个气接口之间不能绘制气管路时,鼠标指针形状变为禁止符号⊘。

在编辑模式下,当鼠标指针位于气管路之上时,其形状变为选定气管路符号╬。单击鼠标,向左移动选定气管路符号╬,然后释放鼠标左键。立即重新绘制气管路,图 1-13 为元件管路的重

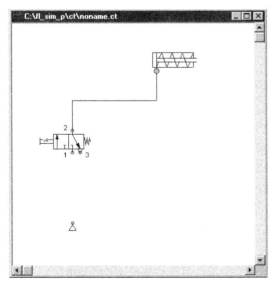

图 1-12 元件管路连接

新设置。在编辑模式下,可以选择或移动元件和管路。单击"编辑"菜单,执行"删除"命令,或按下 Del 键,可以删除元件和管路。

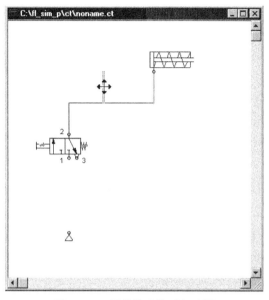

图 1 - 13　元件管路的重新设置

## ◇ 动手做——剪切机气动回路的辅助设计

(1) 在元件库中选择气动剪切机所需的元件。

(2) 连接气动剪切机的所有元件,则回路如图 1 - 14 所示。

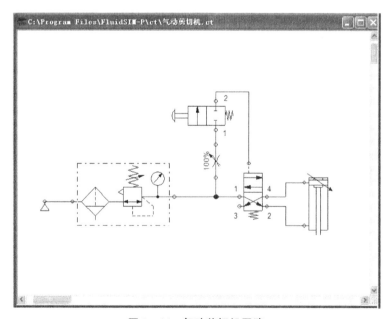

图 1 - 14　气动剪切机回路

（3）气动回路的仿真。

单击按钮 ▶ 或在"执行"菜单下，执行"启动"命令，或按下功能键 F9。FluidSIM 软件切换到仿真模式时，启动回路图仿真。当处于仿真模式时，鼠标指针形状变为手形 🖑。在仿真期间，FluidSIM 软件首先计算所有的电气参数，接着建立气动回路模型。基于所建模型，就可计算气动回路中压力和流量分布。根据回路复杂性和计算机能力，回路图仿真也许要花费大量时间。只要计算出结果，管路就用颜色表示，且气缸活塞杆伸出，如图 1-15 所示为仿真回路。

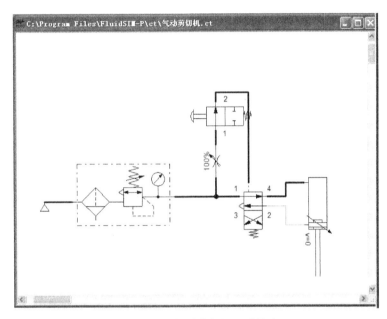

**图 1-15　气动剪切机回路仿真**

电缆和气管路的颜色具有下列含义：

| 颜　色 | 含　义 |
| --- | --- |
| ● 暗蓝色 | 气管路中有压力 |
| ● 淡蓝色 | 气管路中无压力 |
| ● 淡红色 | 电缆，有电流流动 |

在"选项"菜单下，执行"仿真"命令，用户可以定义颜色与状态值之间匹配关系，暗蓝色管路的颜色浓度与压力相对应，其与最大压力有关。FluidSIM 软件能够区别以下两种管路颜色浓度：

● 一压力低于最大压力

● 一最大压力

在 FluidSIM 软件中，仿真是以物理模型为基础，这些物理模型建立是基于 Festo Didactic GmbH & Co 实验设备上的元件，因此，计算值应与测量值相一致。实际上，当比较计算值和测量值时，测量值常具有较大波动，这主要是由于元件制造误差、气管长度和空气温度等因素造成的。

通过单击回路图中的手控换向阀和开关,可实现其手动切换:

将鼠标指针移到左边开关上。当鼠标指针变为手指形 ![手指图标],此时表明该开关可以被操作。当用户单击手动开关时,就可以仿真回路图实际性能。在本例中,一旦单击该开关,开关就闭合,自动开始重新计算,接着,气缸活塞返回至初始位置。

用户仿真另一个回路图时,其可以不关闭当前回路图。FluidSIM 软件允许用户同时打开几个回路图,也就是说,FluidSIM 软件能够同时仿真几个回路图。

单击按钮 ■ 或者在"执行"菜单下,执行"停止"命令,可以将当前回路图由仿真模式切换到编辑模式。将回路图由仿真模式切换到编辑模式时,所有元件都将被置回"初始状态"。特别是,当将开关置成初始位置以及将换向阀切换到静止位置时,气缸活塞将回到上一个位置,且删除所有计算值。

单击按钮 ❚❚(另一种方法是:在"执行"菜单下,执行"暂停"命令或按功能键 F8),用户可以将编辑状态切换为仿真状态,但并不启动仿真。在启动仿真之前,若设置元件,则这个特征是有用的。

辅助仿真功能:

⏮ 复位和重新启动仿真

⏯ 按单步模式仿真

⏭ 仿真至系统状态变化

# 任务四　气动剪切机回路仿真——宇龙机电控制仿真软件入门

## ⌖ 任务要求

学习宇龙机电控制仿真软件的基本操作,并应用仿真软件辅助设计气动剪切机的气动控制回路。

## ⌖ 跟我学——宇龙机电控制仿真软件入门

宇龙机电控制仿真软件是应用于机电控制及相关专业实验室实训的教学仿真软件,软件是由一个开放式的元器件库、控制对象和可视化的机电控制仿真平台构成。其中元器件库中含有电路、液压、气压中常用到的部件,控制对象(含有传送带、机械手、售货机等),3D 控制对象(含水塔、混料罐、传送带等)。宇龙机电控制仿真软件可以在全软的环境中,通过系统自带的各种功能部件,自由搭建用户所需的电、液、气的自动控制系统。

元器件是一个开放式的资源库,可根据需求不断地将各种功能部件添加到现有的库里,有些功能部件还可以让用户自己添加或修改。含有上百种三大类元器件:电路元器件、液压系统元器件、气压控制系统元器件。已经涵盖了欧姆龙、三菱、西门子等系列的PLC部件,用户可以对PLC进行任意的程序编辑以及程序的调试。

1) 初始界面

进入程序后,默认进入的是"宇龙机电控制仿真软件"的"机电控制系统"功能界面,点击"新建",弹出子系统选择界面如图 1 - 16 所示。

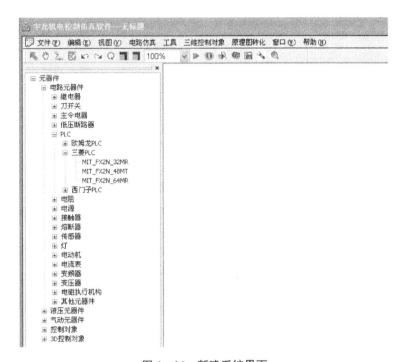

图 1 - 16 新建系统界面

主界面的空白部分为"仿真操作区",用户可根据需求将元器件库里面的元器件添加到仿真操作区上,在这个操作区上用户可以自由搭建各种自己所需要的机电控制系统,并可以对系统进行直观的模拟仿真。

2) 添加电路器件

单击鼠标选中元器件,双击选择区的某个元器件后,鼠标移动至机电控制仿真平台上,光标变成正方形,表示已选中某个元器件。在仿真编辑区点击鼠标左键,即可在仿真平台上添加该元器件,再次单击鼠标,可在仿真平台上再次添加该元器件,如图 1 - 17 所示。

3) 气动器件的添加及连接

气动器件的添加跟电路器件的添加是一样的。注意:进行气路之间连接时用 气动管道进行连接。在平台上添加几个气动器件,如图 1 - 18 所示。

进行气路连接,鼠标单击工具栏中的 ,单击之后,鼠标变为十字形,连接到元器件的液动接口上,如果连接不对,会弹出如图 1 - 19 所示的提示。

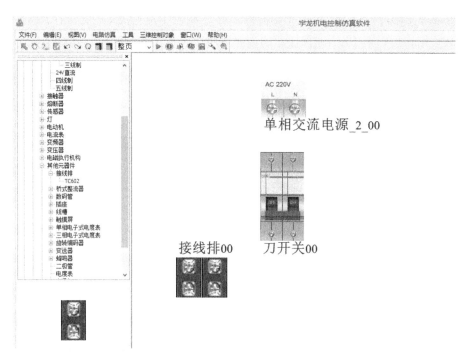

图 1‐17　添加电路器件

图 1‐18　气动器件的添加

连好之后,可以由鼠标的移动来控制导管。注意:气动元器件的每个接口最多只可连接一个管道。

最后,构建的单向回路如图 1-20 所示。

注意:要启动气动回路,气泵必须连接电源,同时,气泵上部的接口为出气口,如果误接下部,则回路无法启动。

图 1-19 气动器件的连接

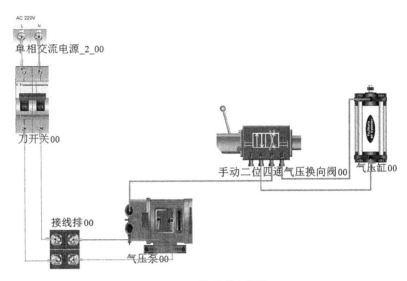

图 1-20 构建单向回路

单击启动 ▶ 按钮,启动机电控制平台,闭合电源开关,气压缸活塞上行。

单击停止 ⏸ 按钮,机电控制平台停止运行。

4) 回路连接注意事项

回路是从气泵上面的那个接口开始的,当气泵处于通电的状态,才会启动。一条回路中有且只能有一个气泵。

气缸运动到极限,则后面所有的元器件承受的压力都会被改为 0,流量也会被改为 0,这个意思就是说后面没有气体流动了,前面传递的所有信息在这里都会中断,所以压力元器件必须连接在气缸之前才能接收到信息。

## ⬡ 动手做——剪切机气动回路的辅助设计

操作步骤:

(1) 在元件库中选择气动剪切机所需的元件。

(2) 连接气动剪切机的所有元件。

(3) 气动回路的仿真。

 项目小结

　　通过本项目的学习了解什么是气压传动,气压传动的工作原理、特点,明确气压传动系统中压力、流量和功率的关系以及气压系统的构成和发展趋势。通过对 FluidSIM 软件和宇龙机电控制仿真软件的界面及功能的介绍,以气压回路的实例进行了实际操作,在操作过程中,通过对这些回路的绘制及仿真,元器件的设置调试等,更进一步加强了 FluidSIM 软件和宇龙机电控制仿真软件的学习,并进一步加深了对气压传动的认识。

 实践训练

　　采用 FluidSIM－P 软件和宇龙机电控制仿真软件绘制剪板机气动回路图并仿真。

## 课 后 习 题

**1. 填空题**

(1) 气压传动是以_____为工作介质进行能量传递和控制的一种传动形式。

(2) 气压传动系统主要由_____、_____、_____、_____及传动介质等部分组成。

(3) 能源装置是把_____转换成流体的压力能的装置,执行装置是把流体的_____转换成机械能的装置,控制调节装置是对气压系统中流体的压力、流量和流动方向进行_____的装置。

**2. 选择题**

(1) 把机械能转换成气体压力能的装置是(　　　)。

A. 动力装置　　　　　B. 执行装置　　　　　C. 控制调节装置

(2) 气压传动的优点是(　　　)。

A. 比功率大　　　　　B. 传动效率低　　　　　C. 可定比传动

(3) 气压传动系统中,气压泵属于(　　　),气压缸属于(　　　),换向阀属于(　　　)。

A. 动力装置　　　　　B. 执行装置　　　　　C. 辅助装置　　　　　D. 控制装置

(4) 在密封容器中,施加于静止气体内任一点的压力能等值地传递到气体中的所有地方,这称为(　　　)。

A. 能量守恒原理　　　　　　　　　　B. 动量守恒定律

C. 质量守恒原理　　　　　　　　　　D. 帕斯卡原理

(5) 在气压传动中,压力一般是指压强,在国际单位制中,它的单位是(　　　)。

A. Pa　　　　　　　　B. N　　　　　　　　C. W　　　　　　　　D. Nm

（6）在气压传动中人们利用（　　）来传递力和运动。

A. 固体　　　　　　B. 液体　　　　　　C. 气体　　　　　　D. 绝缘体

（7）（　　）是气压传动中最重要的参数。

A. 压力和流量　　　B. 压力和负载　　　C. 压力和速度　　　D. 流量和速度

（8）（　　）又称表压力。

A. 绝对压力　　　　B. 相对压力　　　　C. 大气压　　　　　D. 真空度

**3. 判断题**

（1）以绝对真空为基准测得的压力称为绝对压力。　　　　　　　　　　　（　　）

（2）气体在不等横截面的管中流动,液流速度和气体压力与横截面积的大小成反比。

（　　）

（3）当气体通过的横截面积一定时,气体的流动速度越高,需要的流量越小。（　　）

（4）气体能承受压力,不能承受拉应力。　　　　　　　　　　　　　　　（　　）

（5）用来测量气压系统中气体压力的压力计所指示的压力为相对压力。　　（　　）

（6）以大气压力为基准测得的高出大气压力的那一部分压力称绝对压力。　（　　）

**4. 分析题**

（1）气压传动系统有哪些基本组成部分? 各部分的作用是什么?

（2）什么是气压冲击?

（3）如图 1-21 所示气压系统,已知使活塞 1、2 向左运动所需的压力分别为 $p_1$、$p_2$,阀门 T 的开启压力为 $p_3$,且 $p_1 < p_2 < p_3$。问:

① 哪个活塞先动? 此时系统中的压力为多少?

② 另一个活塞何时才能动? 这个活塞动时系统中压力是多少?

③ 阀门 T 何时才会开启? 此时系统压力又是多少?

④ 若 $p_3 < p_2 < p_1$,此时两个活塞能否运动? 为什么?

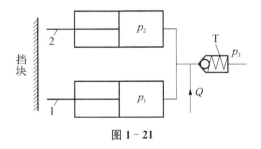

**图 1-21**

（4）在如图 1-22 所示的简化气压千斤顶中,$T = 294$ N,大小活塞的面积分别为 $A_2 = 5 \times 10^{-3}$ m², $A_1 = 1 \times 10^{-3}$ m²,忽略损失,试计算下列各题。

① 通过杠杆机构作用在小活塞上的力 $F_1$ 及此时系统压力 $p$。

② 大活塞能顶起重物的重量 $G$。

③ 大小活塞的运动速度哪个快? 快多少倍?

④ 若需顶起的重物 $G=19\,600$ N 时,系统压力 $p$ 又为多少? 作用在小活塞上的力 $F_1$ 应为多少?

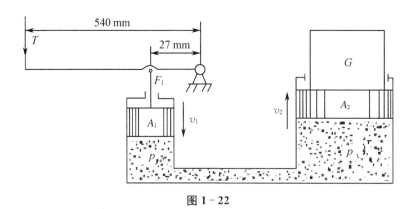

图 1-22

(5) 如图 1-23 所示,已知活塞面积 $A=10\times10^{-3}$ m²,包括活塞自重在内的总负重 $G=10$ kN,问从压力表上读出的压力 $p_1$、$p_2$、$p_3$、$p_4$、$p_5$ 各是多少?

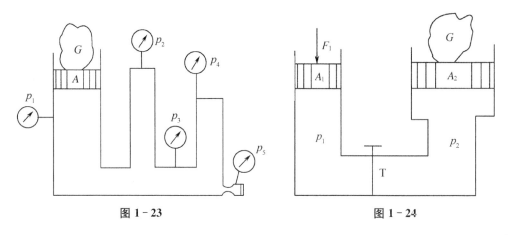

图 1-23　　　　　　　　　　图 1-24

(6) 如图 1-24 所示的连通器,中间有一活动隔板 T,已知活塞面积 $A_1=1\times10^{-3}$ m²,$A_2=5\times10^{-3}$ m²,$F_1=200$ N,$G=2\,500$ N,活塞自重不计,问:

① 当中间用隔板 T 隔断时,连通器两腔的压力 $p_1$、$p_2$ 各是多少?

② 当把中间隔板抽去,使连通器连通时,两腔的压力 $p_1$、$p_2$ 各是多少? 作用力 $F_1$ 能否举起重物 $G$?

③ 当抽去中间隔板 T 后若要使两活塞保持平衡,$F_1$ 应是多少?

④ 若 $G=0$,其他已知条件都同前,$F_1$ 是多少?

# 项目二 认识气源系统及执行元件

**项目描述**

东莞市某空压机有限公司是德国霸爾空压机(亚洲)有限公司的国内子公司,设计、制造螺杆压缩机。生产的一体螺杆空压机,皮带螺杆空压机如图 2-1(a)和(b)所示,具有效率高、噪声低、振动小、体积小、费用少、操作维修方便、运行可靠、外形美观等优点。产品采用智能模块控制系统,具有友好的人机界面,实现故障自诊断,伺服式气量自动调节和 24 小时无值守运行,是当前国内先进的机型之一。在本项目中以空压机为例分析气源系统的组成。

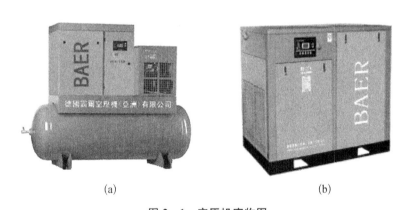

(a) (b)

图 2-1 空压机实物图

(a)一体螺杆空压机 (b)皮带螺杆空压机

**项目分析**

气源装置包括压缩空气的发生装置以及压缩空气的存贮、净化等辅助装置。它为气动系统提供合乎质量要求的压缩空气,是气动系统的一个重要组成部分。气动系统对压缩空气的主要要求有:具有一定压力和流量,并具有一定的净化程度。

　　气源装置一般由气压发生装置、净化及贮存压缩空气的装置和设备、传输压缩空气的管道系统和气动三大件四部分组成。对于一个气动系统来说，一般规定：排气量大于或等于 6 m³/min 时，就应独立设置压缩站；若排气量低于 6 m³/min 时，可将压缩机或气泵直接安装在主机旁。

　　对于一般的空压站除空气压缩机（简称空压机）外，还必须设置过滤器、后冷却器、油水分离器和储气罐等装置。如图 2-2 和图 2-3 所示，空压站的布局根据对压缩空气的不同要求，可以有多种不同的形式。

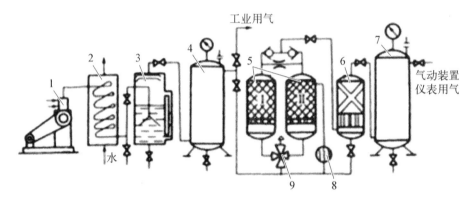

图 2-2　气源装置的组成

1—空气压缩机；2—后冷却器；3—油水分离器；4、7—贮气罐；
5—干燥器；6—过滤器；8—加热器；9—四通阀

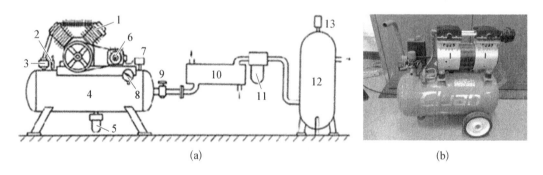

(a)　　　　　　　　　　　　　　　　(b)

图 2-3　小型压缩机的组成和实物

(a) 小型压缩机的组成和布置示意图　(b) 无油静音空压机

1—空气压缩机；2、13—安全阀；3—单向阀；4—小气罐；5—排水器；6—电动机；
7—压力开关；8—压力表；9—截止阀；10—后冷凝器；11—油水分离器；12—大气罐

　　如图 2-3 所示，通过电动机驱动的空气压缩机将大气压力状态下的空气压缩成较高的压力，输送给气动系统。压力开关根据压力大小控制电动机的启动和停转，当气罐内压力上升到调定的最高压力时，让电动机停止运转；当气罐内压力降至调定的最低压力时，让电动机又重新运转。当小气罐内压力超过允许限度时，安全阀 2 自动打开向外排气，以保证空压机安全。当大气罐内压力超过允许限度时，安全阀 13 自动打开向外排气，以保证大气罐安全。大气罐与安全阀之间不许安装其他的阀(节流阀、换向阀之类)。单向阀是在空压机不工作时,用于阻止压缩空气反向流动。后冷却器是通过降低压缩空气的温度,将水蒸气及污油雾冷凝成液态水滴和油滴。油水分离器用于进一步将压缩空气中的油、水等污染物分离出来。在后冷却器、油水分离器、空气压缩机和气罐的最低处,都设有手动或自动排水器,以便排出各处的冷凝的液态油水等污染物。

**知识目标**

1. 掌握气源装置的基本组成、优缺点、应用范围和发展趋势。
2. 掌握空气压缩机的工作原理。
3. 掌握各种气源净化装置的作用。
4. 掌握气缸和气动马达的结构与工作原理。

**能力目标**

1. 会识别和选用空气压缩机、各种气源净化装置。
2. 会识别和选用合适的气缸和气动马达。

# 任务一　气源设备

## ◇ 任务要求

学习气源装置的基本组成、优缺点、应用范围和发展趋势,能根据工作场所需求选择合适的气源装置。

## ◇ 跟我学——传动介质和气源装置基本原理

### 一、传动介质——压缩空气

气压系统中,压缩空气是传递动力和信号的工作介质,气压系统是否可靠地工作,在很大程度上取决于系统中所用的压缩空气的质量。因此,在研究气压系统之前,需对系统中使用的压缩空气及其性质做必要的介绍。

(一)压缩空气的物理性质

1. 空气的组成

自然界的空气是由若干种气体混合而成的,表2-1列出了地表附近空气的组成。在城市和工厂区,由于烟雾及汽车排气,大气中还含有二氧化硫、亚硝酸、碳氢化合物等。空气里常含有少量水蒸气,对于含有水蒸气的空气称为湿空气,完全不含水蒸气的空气叫干空气。

表 2-1　空 气 的 组 成

| 成　分 | 氮 | 氧 | 氩 | 二氧化碳 | 氢 | 其他气体 |
|---|---|---|---|---|---|---|
| 体积分数/% | 78.03 | 20.95 | 0.93 | 0.03 | 0.01 | 0.05 |

**2. 空气的密度**

单位体积内所含气体的质量称为密度,用 $\rho$ 表示。单位为 $kg/m^3$。

$$\rho = \frac{m}{V} \tag{2-1}$$

式中:$m$ 表示空气的质量,单位为 kg;$V$ 表示空气的体积,单位为 $m^3$。

**3. 空气的黏性**

黏性是由于分子之间的内聚力,在分子间相对运动时产生的内摩擦力,而阻碍其运动的性质。与液体相比,气体的黏性要小得多。空气的黏性主要受温度变化的影响,且随温度的升高而增大,其与温度的关系如表 2-2 所示。

表 2-2　空气的运动黏性与温度的关系(压力为 0.1 MPa)

| $t/℃$ | 0 | 5 | 10 | 20 | 30 | 40 | 60 | 80 | 100 |
|---|---|---|---|---|---|---|---|---|---|
| $\nu/(10^{-4}\ m^2 \cdot s^{-1})$ | 0.133 | 0.142 | 0.147 | 0.157 | 0.166 | 0.176 | 0.196 | 0.21 | 0.238 |

没有黏性的气体称为理想气体。在自然界中,理想气体是不存在的。当气体的黏性较小,沿气体流动方向的法线方向的速度变化也不大时,由于黏性产生的黏性力与气体所受的其他作用力相比可以忽略,这时的气体便可当作理想气体。理想气体具有重要的实用价值,可以使问题的分析大为简化。

**4. 湿空气**

空气中的水蒸气在一定条件下会凝结成水滴,水滴不仅会腐蚀元件,而且对系统工作的稳定性带来不良影响。因此不仅各种气动元器件对空气含水量有明确规定,而且常需要采取一些措施防止水分进入系统。

湿空气中所含水蒸气的程度用温度和含湿量来表示,而湿度的表示方法有绝对湿度和相对湿度之分。

(1)绝对湿度:1 $m^3$ 湿空气中所含水蒸气的质量称为绝对湿度,也就是湿空气中水蒸气的密度。

空气中水蒸气的含量是有极限的。在一定温度和压力下,空气中所含水蒸气达到最大极限时,这时的湿空气叫饱和湿空气。1 $m^3$ 的饱和湿空气中,所含水蒸气的质量称为饱和湿空气的绝对湿度。

(2) 相对湿度：在相同温度、相同压力下，绝对湿度与饱和绝对湿度之比称为该温度下的相对湿度。一般湿空气的相对湿度值在 $0\sim100\%$ 之间变化，通常情况下，空气的相对湿度在 $60\%\sim70\%$ 范围内人体感觉舒适，气动技术中规定各种阀的相对湿度应小于 $95\%$。

(3) 含湿量：空气的含湿量指 $1\,kg$ 质量的干空气中所混合的水蒸气的质量。

(4) 露点：保持水蒸气压力不变而降低未饱和湿空气的温度，使之达到饱和状态时的温度叫露点。温度降到露点温度以下，湿空气便有水滴析出。冷冻干燥法去除湿空气中的水分，就是利用这个原理。

**(二) 压缩空气的污染**

由于压缩空气中的水分、油污和灰尘等杂质不经处理直接进入管路系统时，会对系统造成不良后果，所以气压传动系统中所使用的压缩空气必须经过干燥和净化处理后才能使用。压缩空气中的杂质来源主要有以下几个方面：

(1) 由系统外部通过空气压缩机等设备吸入的杂质。即使在停机时，外界的杂质也会从阀的排气口进入系统内部。

(2) 系统运行时内部产生的杂质。如：湿空气被压缩、冷却就会出现冷凝水；压缩机油在高温下会变质，生成油泥；管道内部产生的锈屑；相对运动件磨损而产生的金属粉末和橡胶细末；密封和过滤材料的细末等。

(3) 系统安装和维修时产生的杂质。如安装、维修时未清除掉的铁屑、毛刺、纱头、焊接氧化皮、铸砂、密封材料碎片等。

**(三) 空气的质量等级**

随着机电一体化程度的不断提高，气动元件日趋精密。气动元件本身的低功率，小型化、集成化，以及微电子、食品和制药等行业对作业环境的严格要求和污染控制，都对压缩空气的质量和净化提出了更高的要求。不同的气动设备，对空气质量的要求不同。空气质量低劣，优良的气动设备也会事故频繁发生，使用寿命缩短。但如对空气质量提出过高要求，又会增加压缩空气的成本。

表 2-3 为 ISO 8573.1 标准以对压缩空气中的固体尘埃颗粒、含水率(以压力露点形式要求)和含油率的要求划分的压缩空气的质量等级。我国采用的 GB/T 13277—1991《一般用压缩空气质量等级》等效采用 ISO 8573 标准(见表 2-3)。

**表 2-3　压缩空气的质量等级(ISO 8573.1)**

| 等　级 | 最　大　粒　子 | | 压力露点<br>(最大值)/℃ | 最大含油量<br>/(mg·m⁻³) |
| :---: | :---: | :---: | :---: | :---: |
| | 尺寸/μm | 浓度/(mg·m⁻³) | | |
| 1 | 0.1 | 0.1 | −70 | 0.01 |
| 2 | 1 | 1 | −40 | 0.1 |

（续表）

| 等　级 | 最　大　粒　子 | | 压力露点（最大值）/℃ | 最大含油量/(mg · m⁻³) |
| --- | --- | --- | --- | --- |
| | 尺寸/$\mu$m | 浓度/(mg · m⁻³) | | |
| 3 | 5 | 5 | −20 | 1.0 |
| 4 | 15 | 8 | +3 | 5 |
| 5 | 40 | 10 | +7 | 25 |
| 6 | — | — | +10 | — |
| 7 | — | — | 不规定 | — |

### 二、气源装置

（一）空气压缩机

1. 空气压缩机的分类

空气压缩机简称空压机，是气源装置的核心。它的作用是将原动机输出的机械能转换成压缩空气的压力能供给气动系统使用。

压力能空气压缩机的种类很多，按压力大小可分成低压型（0.2～1.0 MPa）、中压型（1.0～10 MPa）和高压型（＞10 MPa）。按工作原理主要可分为容积型和速度型（叶片式）两类：

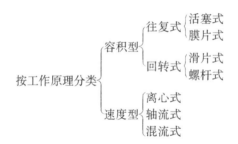

容积型空压机将一定量的连续气流限制于封闭的空间里，通过缩小气体的容积来提高气体的压力，如图2-4所示。

速度型空压机通过空压机提高气体流速，并使其突然受阻而停滞，将其动能转化成压力能，来提高气体的压力，如图2-5所示。

2. 工作原理

1）活塞式空压机

这是目前使用最广泛的空压机形式。工作原理如图2-6所示，这种单级活塞式空压机采用曲柄连杆机构，带动活塞在滑道内往复运动而实现吸、压气，并达到提高气体压力的目的。当活塞向右运动，缸体内容积相应增大，气压下降形成真空。大气压将吸气阀顶开，外界空气被吸入缸体，这个过程称为"吸气过程"；当活塞向左运动，缸体内容积下降，压力升高，这个过程称为"压缩过程"；当缸内压力高于输出管道内压力后，吸气阀关闭，让

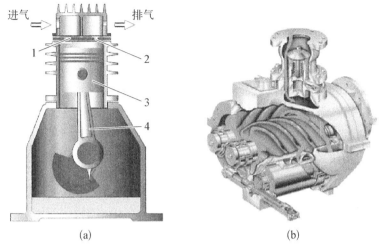

**图 2-4　容积型空压机工作原理**

（a）活塞式空压机　（b）螺杆式空压机

1-单向进气阀；2-单向排气阀；3-活塞；4-活塞杆

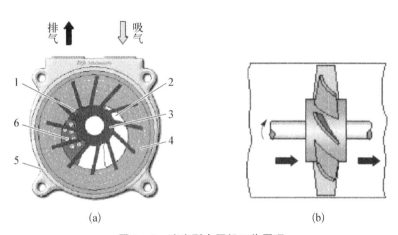

**图 2-5　速度型空压机工作原理**

（a）离心式空压机　（b）轴流式空压机

1-排气口；2-吸气口；3-叶轮；4-水环；5-泵体；6-橡胶球

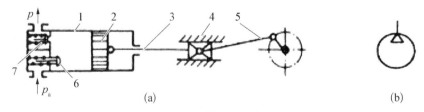

**图 2-6　曲柄连杆机构活塞式空压机工作原理**

（a）原理　（b）图形符号

1-缸体；2-活塞；3-活塞杆；4-滑块；5-曲柄连杆机构；6-吸气阀；7-排气阀

排气阀打开,将具有一定压力的压缩空气输送至管道内,这个过程称为"排气过程"。这样就完成了活塞的一次工作循环。如图2-6所示单级活塞式空压机通常用于需要0.3～0.7MPa压力范围的场合。

若压力超过0.6MPa,产生的热量太大,空压机工作效率太低,其各项性能指标将急剧下降,故往往采用分级压缩以提高输出压力。为了提高效率,降低空气温度,还需要进行中间冷却。采用二级压缩的活塞式空压机工作原理如图2-7所示,通过转轴带动活塞在缸体内作往复运动,从而实现吸气和压气,达到提高气压的目的,当完成1级活塞的一次工作循环后,输出的压缩空气经中间冷却器冷却,再由2级活塞进行二次压缩,使压力进一步提高,以满足气动系统使用的需要。

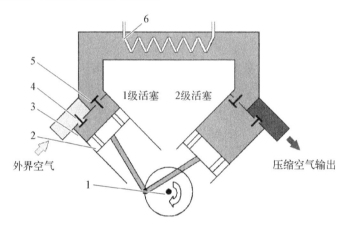

**图2-7　活塞式空压机工作原理**

1-转轴;2-活塞;3-缸体;4-吸气阀;5-排气阀;6-中间冷却器

2) 叶片式空压机

叶片式空压机的工作原理如图2-8所示,转子偏心地安装在定子内,一组叶片插在转子的放射状槽内。当转子旋转时,各叶片主要靠离心作用紧贴定子内壁。转子回转过

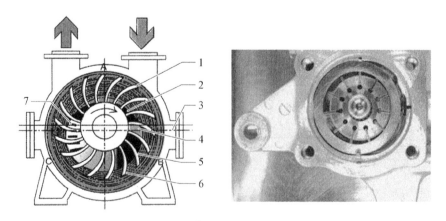

**图2-8　叶片式空压机工作原理和实物**

1-叶轮;2-轮毂;3-泵体;4-气腔;5-吸气孔;6-液环;7-柔性排气孔

程中,左半部(输入口)吸气。在右半部,叶片逐渐被定子内表面压进转子沟槽内,叶片、转子和定子内壁围成的容积逐渐减小,吸入的空气就逐渐地被压缩,最后从输出口排出压缩空气。由于在输入口附近向气流喷油,对叶片及定子内部进行润滑、冷却和密封,故输出的压缩空气中含有大量油分,所以在输出口需设置油雾分离器和冷却器,以便把油分从压缩空气中分离出来,冷却后循环使用。

3)螺杆式空压机

螺杆式空压机工作原理如图 2-9 所示。两个咬合的螺旋转子以相反方向转动,它们当中的自由空间容积沿轴向逐渐减小,从而两转子间的空气逐渐被压缩。若转子和机壳之间相互不接触,则不需要润滑,这样空压机便可连续输出不含油的压缩空气,出口空气温度为 60℃左右。

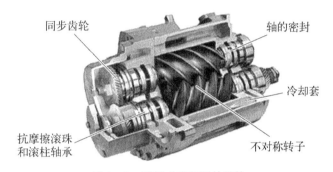

图 2-9 螺杆式空压机的结构

3. 空压机的选用

空气压缩机主要依据工作可靠性、经济性与安全性进行选择。首先按空压机的特性要求,选择空压机类型,再根据气动系统所需要的工作压力和流量两个参数,确定空压机的输出压力 $p_c$ 和吸入流量 $q_c$,最终选取空压机的型号。

(1)输出压力 $p_c$:

$$p_c = p + \Delta p \qquad (2-2)$$

式中:$p_c$ 为空压机的输出压力,单位为 MPa;

　　　$p$ 为气动执行元件最高使用压力,单位为 MPa;

　　　$\Delta p$ 为气动系统的总压力损失,一般情况下 $\Delta p = 0.15 \sim 0.2$ MPa。

根据国家标准,一般用途的空气动力用压缩机其输出压力为 0.7 MPa,旧标准为 0.8 MPa。如果用户所用的压缩机大于 0.8 MPa,一般要特别制作,不能采取强行增压的办法,以免造成事故。相关参数压缩比是压缩机排气和进气的绝对压力之比。

(2)排气量 $q_c$:

$$q_c = k q_b \qquad (2-3)$$

式中:$k$ 为修正系数。主要考虑气动元件、管接头等各处的漏损、气动系统耗气量的估计误差、多台设备不同时使用的利用率以及增添新的气动设备的可能性等因素。一般 $k=$ 1.5～2.0。

$q_b$ 为向气动系统提供的流量，单位为 $m^3/min$：

$$不设气罐 \quad q_b = q_{max}$$
$$设气罐 \quad q_b = q_{sa} \tag{2-4}$$

式中：$q_{max}$ 为气动系统的最大耗气量，单位为 $m^3/min$；

$\qquad q_{sa}$ 为气动系统的平均耗气量，单位为 $m^3/min$。

选择空压机的排气量要和自己所需的排气量相匹配，并留有 10% 左右的余量。另外在选排气量时还要考虑高峰用量和通常用量及低谷用量。如果低谷用量较大而通常用量和高峰用量都不大时，通常的办法是以较小排气量的空压机并联，取得较大的排气量。随着用气量的增大，而逐一开机，这样不但对电网有好处，而且能节约能源，并有备机，不会因一台机器的故障而造成全线停产。

（3）空压机的功率 $P$：根据吸入和输出空气的压力比和流量来选择合适的功率。

（4）用气的场合和条件：用气的场合和环境也是选择压缩机类型的重要因素。

（5）压缩空气的质量：一般空压机产生的压缩空气均含有一定量的润滑油，并有一定量的水。有些场合是禁油和禁水的，这时不但对压缩机选型要注意，必要时要增加附属装置。解决的办法大致有如下两种：一是选用无油润滑压缩机，这种压缩机气缸中基本上不含油，其活塞环和填料一般为聚四氟乙烯。这种机器也有其缺点，首先是润滑不良，故障率高；另外，聚四氟乙烯也是一种有害物质，食品、制药行业不能使用，且无润滑压缩机只能做到输气不含油，不能做到不含水。二是采用油润滑空压机，再进行净化。通常的做法是无论哪种空压机再加一级或二级净化装置或干燥器。这种装置可使压缩机输出的空气既不含油又不含水，使压缩空气中的含油水量在 5 ppm 以下，以满足工艺要求。

（6）运行的安全性：空压机是一种带压工作的设备，工作时伴有温升和压力，其运行的安全性要放在首位。空压机在设计时除安全阀之外，还必须设有压力调节器，实行超压卸荷双保险。只有安全阀而没有压力调节阀，不但会影响机器的安全系数，也会使运行的经济性降低。

国家对压缩机的生产实行了规范化的两证制度，即压缩机生产许可证和压力容器生产许可证（储气罐）。因此在选购压缩机产品时，还要严格审查两证。

（二）气源净化装置

空气质量不良是气动系统出现故障的最主要原因。直接从空压机输出的压缩空气中，含有大量的水分、油分和固体粉尘等杂质。若不经处理直接进入管路系统时，对气动系统的正常工作造成危害，可能会引起下列不良后果：

（1）变质油分的黏度增大，从液态逐渐固态化而形成油泥。

它会使橡胶及塑料材料变质和老化。积存在后冷却器、干燥器内的油泥，会降低其工作效率。油泥还会堵塞小孔，影响元件性能，造成气动元件内的相对运动的动作不灵活。油泥的水溶液呈酸性，会使金属生锈，污染环境和产品。

（2）水分会造成管道及金属零件腐蚀生锈，使弹簧失效或断裂。在寒冷地区以及在元件内的高速流动区，由于空气温度太低，其中水分会结冰，造成元件动作不良、管道冻结或冻裂。管道及零件内滞留的冷凝水会导致空气流量不足、压力损失增大，甚至造成阀的动作失灵。冷凝水混入润滑油中会使润滑油变质，液态水会冲洗掉润滑脂，导致润滑不良。

（3）锈屑及粉尘会使相对运动件磨损加剧，造成元件动作不良，甚至卡死。粉尘会加速过滤器滤芯的堵塞，增大流动阻力。固体杂质还会加速密封件损伤，导致漏气。

（4）液态油、水及粉尘从排气口排出，还会污染环境和影响产品质量。

空气中的污染物会使气动系统的可靠性和使用寿命大大降低，由此造成的损失大大超过气源处理装置的成本和维修费用。因此必须设置一些除气、除水、除尘并使压缩空气干燥、提高压缩空气质量、进行气源净化处理的辅助设备。常用的空气净化装置主要有后冷却器、气水分离器、贮气罐、除油器、空气干燥器和空气过滤器。

### 1. 后冷却器

空压机输出的压缩空气温度可以达到180℃以上，空气中水分完全呈气态。后冷却器安装在空气压缩机出口管道上，将空压机出口的高温空气冷却至40℃以下，使压缩空气中大部分水蒸气和变质油雾达到饱和，使其大部分冷凝成液态水滴和油滴，从空气中分离出来。所以后冷却器底部一般安装有手动或自动排水装置，对冷凝水和油滴等杂质进行及时排放。

后冷却器的结构形式有：蛇形管式、列管式、散热片式和套管式等，冷却方式有水冷式和风冷式两种。

风冷式是通过风扇产生的冷空气吹向带散热片的热空气管道，对压缩空气进行冷却。风冷式不需冷却水设备，不用担心断水或水冻结。占地面积小、质量轻、紧凑、运转成本低、易维修，但只适用于入口空气温度低于100℃，且需处理空气量较少的场合。

水冷式是通过强迫冷却水沿压缩空气流动方向的反方向流动来进行冷却的，其工作原理如图2-10所示。水冷式后冷却器散热面积是风冷式的25倍，热交换均匀，分水效率高，故适用于入口空气温度低于200℃，且需处理空气量较大、湿度大、尘埃多的场合。

### 2. 贮气罐

贮气罐（见图2-11）的主要作用主要有：

（1）用来储存一定量的压缩空气，一方面可解决短时间内用气量大于空压机输出气

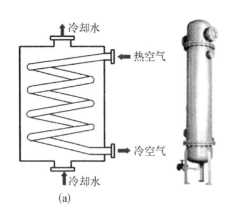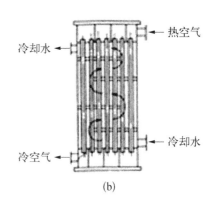

图 2-10 水冷式冷却器工作原理

（a）蛇管式 （b）列管式

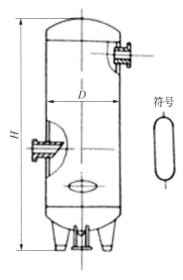

图 2-11 贮气罐

量的矛盾；另一方面可在空压机出现故障或停电时，作为应急气源维持短时间供气，以便采取措施保证气动设备的安全。

（2）减弱空气压缩机排出气流脉动引起的管道振动，稳定系统气压。

（3）进一步降低压缩空气温度，分离压缩空气中的部分水分和油分。

根据其主要使用目的是用来消除压力脉动，还是储存压缩空气调节用气量，来选择贮气罐的容积。应当注意的是由于压缩空气具有很强的可膨胀性，所以在贮气罐上必须设置安全阀（溢流阀）来保证安全。贮气罐底部还应装有排污阀，并对罐中的污水进行定期排放。

3. 除油（油水分离器）

除油器用于分离压缩空气中所含的油分和水分。其工作原理主要是利用回转离心、撞击、水洗等方法使水滴、油滴及其他杂质颗粒从压缩空气中分离出来，以净化压缩空气。

除油器的结构形式有：环形回转式、撞击折回式、离心旋转式、水浴旋转离心式等。为保证良好的分离效果，必须使气流回转后的上升速度缓慢，同时保证其有足够的上升空间。图 2-12 为撞击折回并回转式油水分离器。

4. 干燥器

干燥器的作用是进一步除去压缩空气中含有的水分、气分和颗粒杂质等，使压缩空气干燥，提供的压缩空气，用于对气源质量要求较高的气动装置、气动仪表等。压缩空气的干燥方法有冷冻法、吸附法、吸收法、高分子隔膜干燥法及离心等方法。

压缩空气经后冷却器、油水分离器、储气罐、主管路过滤器和空气过滤器得到初步净化后,仍含有一定量的水蒸气。

气压传动系统对压缩空气中的含水量要求非常高,如果过多的水分经压缩空气带到各零部件上,气动系统的使用寿命会明显缩短。因此,安装空气干燥设备是很重要的,这些设备会使系统中的水分含量降低到满足使用要求和零件保养要求的水平,但不能依靠干燥器清除油分。

1) 冷冻式干燥器

冷冻干燥器是利用冷冻法对空气进行干燥处理。冷冻干燥法是通过将湿空气冷却到其露点温度以下,使空气中的水汽凝结成水滴并排除出去来实现空气干燥的。经过干燥处理的空气需再加热至环境温度后才能输送出去供系统使用。冷冻干燥器工作原理如图2-13(a)所示,实物如图2-13(b)所示。

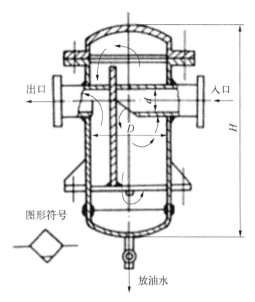

图 2 - 12  撞击折回并回转式油水分离器

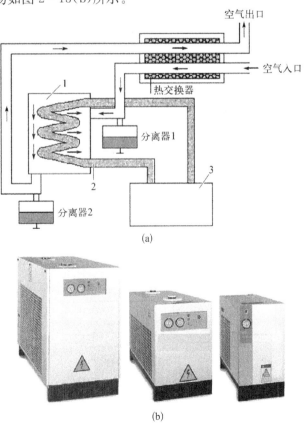

图 2 - 13  冷冻式干燥器

(a) 冷冻干燥器工作原理  (b) 实物

压缩空气进入干燥器后首先要进入热交换器进行初步冷却。经初步冷却后,一部分水分和油分从空气中分离出来,经分离器1排出。随后空气进入制冷器,并被冷却至2~5℃,其中分离出来的大量水分和油分经分离器2排出。冷却后的空气再进入热交换器加热至符合系统要求的温度后输出。

2) 吸附式干燥器

吸附干燥法是利用具有吸附性能的吸附剂(如硅胶、活性氧化铝、分子筛等)吸附空气中水分的一种干燥方法。吸附剂吸附了空气中的水分后将达到饱和状态而失效。为了能够连续工作,就必须使吸附剂中的水分再排除掉,使吸附剂恢复到干燥状态,这称为吸附剂的再生。

目前吸附剂的再生方法有两种,即加热再生和无热再生。加热再生式吸附干燥器的工作原理如图2-14(a)所示,实物如图2-14(b)所示。

吸附式干燥器有两个装有吸附剂的容器:吸附器1和吸附器2,它们的作用都是吸附从上部流入的潮湿空气中的水分。由于吸附剂在吸附了一定量的水分后会达到饱和状态,而失去吸附作用,所以这两个吸附器是定时交换工作的。通过控制干燥器上四个截止阀的开关,一个吸附器工作的同时,另一个则通过通入热空气对吸附剂进行加热再生,这样就可以保证系统持续得到干燥的压缩空气。

由于油分吸附在吸附剂上后会降低吸附剂的吸附能力,产生"油中毒"现象。所以潮湿空气需首先通过前置过滤器才能进入吸附器。

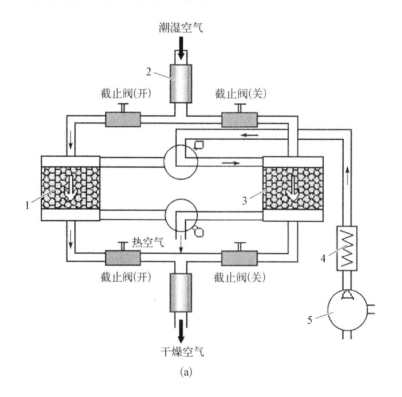

(a)

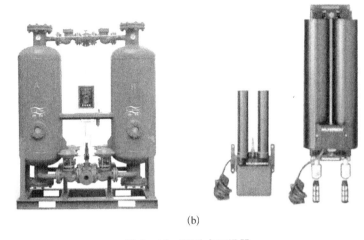

(b)

**图 2-14　吸附式干燥器**

(a) 吸附式干燥器工作原理　(b) 实物

1-吸附器 1；2-滤油器；3-吸附器 2；4-加热器；5-鼓风机

前置过滤器的作用是通过过滤减少压缩空气中的油分。吸附式干燥器压缩空气的输出口应安装精密过滤器，防止吸附剂在压缩空气冲击下产生的粉末进入气动系统。

3）吸收式干燥器

吸收式干燥法是利用不可再生的化学干燥剂来获得干燥压缩空气的方法。吸收式干燥器的工作原理如图 2-15(a) 所示，实物如图 2-15(b) 所示。

压缩空气通入干燥器后，空气中的水分与干燥器内的干燥剂化合，形成化合物，并从容器底部的排放口流出。经过干燥处理的压缩空气从干燥器输出供系统使用。

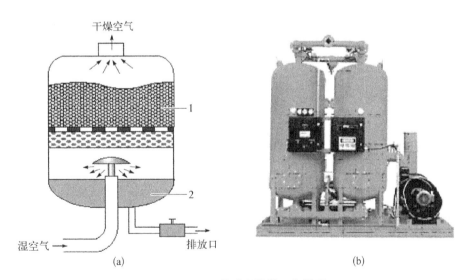

**图 2-15　吸收式干燥器工作原理**

(a) 吸收式干燥器工作原理　(b) 实物

1-干燥器；2-杂质

在现代生产实际中,由于吸收干燥法所用的吸附剂是不可再生的,所以它的效益较低,价格比较昂贵,也较少采用。

4) 高分子隔膜式干燥器

高分子隔膜干燥法是利用特殊的高分子中空隔膜,只有水蒸气可以通过,氧气和氮气不能透过的特性来进行空气干燥的。高分子隔膜干燥器的工作原理和结构如图 2-16(a)所示,实物图如图 2-16(b)所示。

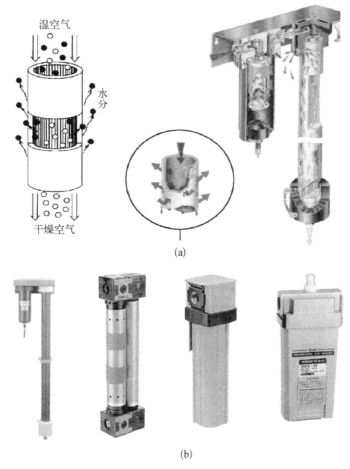

图 2-16    高分子隔膜干燥器

(a) 高分子隔膜干燥器工作原理及剖面结构    (b) 实物

如图 2-16 所示,当潮湿的压缩空气通过这种高分子隔膜空气干燥器时,大量通过隔膜析出的水蒸气由少量同时析出的压缩空气排到干燥器外。这样从干燥器出口输出的就是干燥的压缩空气。

高分子隔膜干燥器不需要电源,无需更换干燥用材料,并且可以不需要排水器进行长时间连续工作,工作压力范围也较广。但目前高分子隔膜干燥器输出流量还比较小,必要时可将多个干燥器并联使用。

5. 空气过滤器

空气过滤器又名分水滤气器、空气滤清器。它的作用是滤除压缩空气中的固态杂质、水滴和油污等污染物，以达到气动系统所要求的净化程度。它属于二次过滤器，大多与减压阀、油雾器一起构成气动三联件，安装在气动系统的入口处，是保证气动设备正常运行的重要元件。按过滤器的排水方式，可分为手动排水式和自动排水式。

空气过滤器的过滤原理是根据固体物质和空气分子的大小和质量不同，利用惯性、阻隔和吸附的方法将灰尘和杂质与空气分离。空气过滤器的结构如图 2-17(a)所示，实物如图 2-17(b)所示。

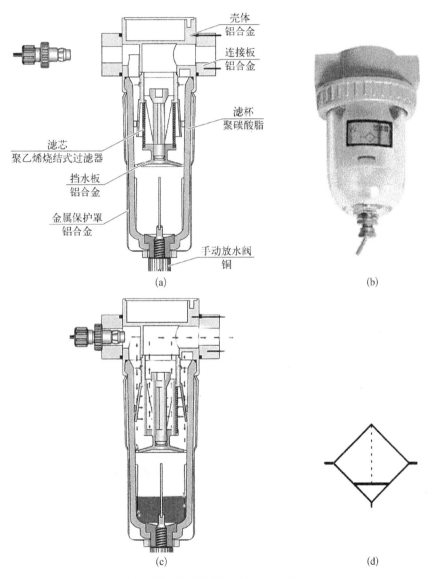

图 2-17 空气过滤器工作原理及实物

(a)结构 (b)实物 (c)进气原理 (d)图形符号

空气过滤器的工作原理如图 2-17(c)所示,压缩空气进入过滤器内部后,因导流板的导向,产生了强烈的旋转,在离心力作用下,压缩空气中混有的大颗粒固体杂质和液态水滴等被甩到滤杯内表面上,在重力作用下沿壁面沉降至底部,然后,经过这样预净化的压缩空气通过滤芯流出。为防止造成二次污染,滤杯中每天都应该是空的。有些场合由于人工观察水位和排放不方便,可以将手动排水阀改为自动排水阀,实现自动定期排放。空气过滤器必须垂直安装,压缩空气的进出方向也不可颠倒。

空气过滤器的滤芯长期使用后,其通气小孔会逐渐堵塞,使得气流通过能力下降,因此应对滤芯定期清洗或更换。

(三)气动辅助元件

1. 油雾器

以压缩空气为动力源的气动元件不能采用普通的方法进行注油润滑,只能通过将油雾混入气流来对部件进行润滑。油雾器是气动系统中一种专用的注油装置。它以压缩空气为动力,将特定的润滑油喷射成雾状混合于压缩空气中,并随压缩空气进入需要润滑的部位,达到润滑的目的。

油雾器的工作原理及结构如图 2-18 所示。假设压力为 $p_1$ 的气流从左向右流经文

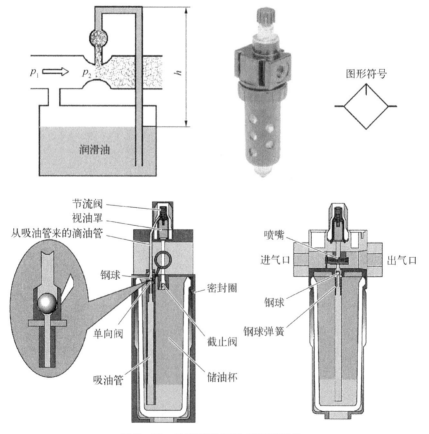

图 2-18  油雾器的工作原理及结构

氏管后压力降为 $p_2$，当输入压力 $p_1$ 和 $p_2$ 的压差 $\Delta p$ 大于把油吸到排出口所需压力 $\rho g h$（$\rho$ 为油液密度）时，油被吸到油雾器上部，在排出口形成油雾并随压缩空气输送到需润滑的部位。在工作过程中，油雾器油杯中的润滑油位应始终保持在油杯上、下限刻度线之间。油位过低会导致油管露出液面吸不上油；油位过高会导致气流与油液直接接触，带走过多润滑油，造成管道内油液沉积。

油雾器的选择主要根据气压系统所需的额定流量和油雾粒度大小来确定油雾器的类型和通径，所需油雾粒度在 $50\ \mu\mathrm{m}$ 左右时选用普通型油雾器。油雾器一般安装在减压阀之后，尽量靠近换向阀；油雾器进、出口不能接反，使用中一定要垂直安装，贮油杯不可倒置，它可以单独使用，也可以与空气过滤器、减压阀一起构成气动三联件联合使用。油雾器的给油量应根据需要调节，一般 $10\ \mathrm{m}^3$ 的自由空气供给 $1\ \mathrm{mL}$ 的油量。

但在许多气动应用领域，如食品、药品、电子等行业是不允许油雾润滑的，而且油雾还会影响测量仪的测量准确度并对人体健康造成危害，所以目前不给油润滑（无油润滑）技术正在逐渐普及。

**2. 消声器**

一般情况下，气动系统用后的压缩空气直接排进大气。当气缸、气阀等元件的排气速度与余压较高时，空气急剧膨胀，产生强烈的噪声。噪声的大小随排气速度、排气量和排气通道形状的变化而变化，速度和功率越大，噪声也越大，一般在 $80\sim120\ \mathrm{dB}$ 之间。

为降低噪声，通常在气动系统的排气口装设消声器。消声器通过增加气流的阻尼或增大排气面积等措施，降低排气速度和功率，从而降低噪声。

常用的消声器有吸收型消声器、膨胀干涉吸收型消声器等。

**1）吸收型消声器**

目前，最广泛使用的消声器是吸收型消声器，结构如图 2-19 所示，其原理是让气流通过多孔的吸声材料，靠流动摩擦生热而使气体压力能转化为热能耗散，从而减少排气噪声。消声套大多使用聚氯乙烯纤维、玻璃纤维、铜粒等烧结成形。吸收型消声器结构简单，常装于换向阀的排气口，对中高频噪声一般可降低 $20\ \mathrm{dB}$。

**2）膨胀干涉吸收型消声器**

结构如图 2-20 所示，气流由上方孔引入，在 A 室扩散、减速并与器壁碰撞，反射至 B 室；在 B 室内气流进一步扩散、干涉，互相撞击，进一步降低速度而消耗能量；最后再通过敷设在消声器内壁的吸声材料受到阻尼降低噪声后排入大气。

**3. 气动三联件**

空气过滤器、减压阀和油雾器依次连接而成的组件称为气动三联件，是多数气动设备必不可少的气源

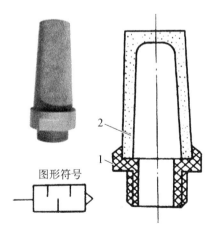

图形符号

**图 2-19　吸收型消声器**

1-连接接头；2-消声套

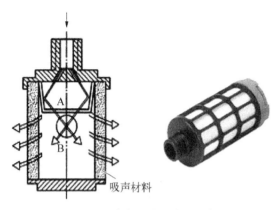

图 2 - 20　膨胀干涉吸收型消声器

装置。大多数情况下，三联件组合使用，图 2 - 20(a)为气动三联件的实物图。其安装次序依进气方向为空气过滤器、减压阀和油雾器，不能颠倒。这是因为调压阀内部有阻尼小孔和喷嘴，这些小孔容易被杂质堵塞而造成调压阀失灵，所以进入调压阀的气体先要通过空气过滤器进行过滤。而油雾器中产生的油雾为避免受到阻碍或被过滤，则应安装在调压阀的后面。在采用无油润滑的回路中则不需要油雾器。气动系统中气动三联件的安装次序如图 2 - 21(b)所示。三联件应安装在用气设备的近处。

目前新结构的三联件插装在同一支架上，形成无管化连接。其结构紧凑、装拆及更换元件方便，应用普遍。

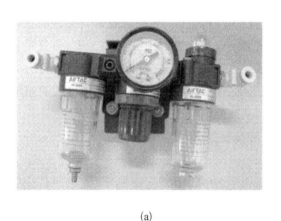

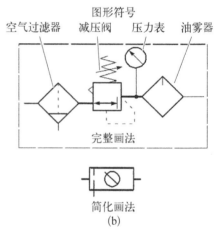

(a)　　　　　　　　　　　　　　　(b)

图 2 - 21　气动三联件实物和图形符号

(a) 亚德客 AIRTAC 的气动三联件　(b) 安装次序

**（四）供气管线**

管道系统包括管道和管接头。

1. 管道

气动系统中常用的管道有硬管和软管。硬管以钢管和紫铜管为主，常用于高温高压和固定不动的部件之间连接。软管有各种塑料管、尼龙管和橡胶管等，其特点是经济、拆装方便、密封性好，但应避免在高温、高压和有辐射场合使用。

2. 管接头

管接头是连接、固定管道所必需的辅件，分为硬管接头和软管接头两类。硬管接头有螺纹连接及薄壁管扩口式卡套连接，与液压用管接头基本相同，对于通径较大的气动设备、元件、管道等可采用法兰连接。

3. 管道系统的选择

气源管道的管径大小是根据压缩空气的最大流量和允许的最大压力损失决定的。

气动系统的供气系统管道主要包括以下三方面：

(1) 压缩空气站内气源管道：包括压缩机的排气口至后冷却器、油水分离器、储气罐、干燥器等设备的压缩空气管道。

(2) 厂区压缩空气管道：包括从压缩空气站至各用气车间的压缩空气输送管道。

(3) 用气车间压缩空气管道：包括从车间入口到气动装置和气动设备的压缩空气输送管道。

压缩空气管道主要分硬管和软管两种。硬管主要用于高温、高压及固定安装的场合，应选用不易生锈的管材(紫铜管或镀锌钢管)，避免空气中水分导致管道锈蚀而产生污染。

气动软管一般用于工作压力不高，工作温度低于 50℃ 以及设备需要移动的场合。目前常用的气动软管为尼龙管或 PV 管，其受热后会使其耐压能力大幅下降，易出现管道爆裂，同时长期受热辐射后会缩短其使用寿命。

4. 供气系统管道的设计原则

1) 按供气压力和流量要求考虑

若工厂中的各气动设备、气动装置对压缩空气源压力有多种要求，则供气方式有：

(1) 用气量都比较大时，应根据供气压力大小和使用设备的位置，设计几种不同压力的管路供气系统。

(2) 用气量都不大时，可根据最高供气压力设计管路供气系统，对供气压力要求较低的气动设备，可通过减压阀减压来实现。

(3) 只有少量设备用气量不大的高压气，可根据对低压气的要求设计管路供气系统，而气量不大的高压气采用气瓶供气方式来解决。

气源供气系统管道的管径大小取决于供气的最大流量和允许压缩空气在管道内流动的最大压力损失。为避免在管道内流动时有较大的压力损失，压缩空气在管道中的流速一般应小于 25 m/s。一般对于较大型的空气压缩站，在厂区范围内从管道的起点到终点，压缩空气的压力降不能超过气源初始压力的 8%；在车间范围内，不能超过供气压力的 5%。若超过了，可采用增大管道直径的办法来解决。

2) 从供气的质量要求考虑

如果气动系统中多数气动装置无气源供气质量要求，可采用一般供气系统。

若气动装置对气源供气质量有不同的要求，且采用同一个气源管道供气，则其中对气源供气质量要求较高的气动装置，可采取就近设置小型干燥过滤装置或空气过滤器来解决。若绝大多数气动装置或所有装置对供气质量都有质量要求时，就应采用清洁供气系统，即在空压站内气源部分设置必要的净化和干燥装置，并用同一管道系统给气动装置供气。

◇ **动手做——气动辅件选用与气源装置的组建**

（1）观察实训室的气动系统，对气动实训台和空气压缩机进行实物认识，选择合适的空气压缩机和相关辅件组建气源装置。

（2）说明所选用的各个气动元件的作用和原理。

（3）对组建好的气源装置进行综合分析。

# 任务二　认识气动执行元件

◇ **任务要求**

图 2-22 为机床上的夹紧机构示意图。此机构采用气动执行元件来实现工件的夹紧和松开，试确定该选择哪种类型的执行元件。如果所需的夹紧力为 4 600 N，供气压力为 0.7 MPa，行程为 600 mm，试确定该执行元件的种类及主要参数。

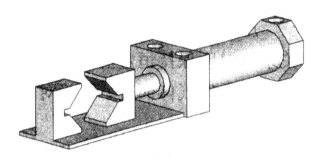

图 2-22　气动夹紧机构

选择气动执行元件时一般先确定它的类型，再确定它的种类及具体的结构参数。为使所选用的元件正确、合理，必须掌握气动执行元件的类型、工作原理、结构及选用方法。

◇ **跟我学——气动执行元件的种类及工作原理**

气动执行元件是将压缩空气的压力能转换为机械能，驱动机构做直线往复运动、摆动或旋转运动的装置。它包括气缸和气动马达两大类，其中气缸又分为直线往复运动的气缸和摆动气缸，用于实现直线运动和摆动，气动马达用于实现连续回转运动。

气缸是气压传动系统中使用最多的一种执行元件，根据使用条件、场合的不同，其结构、形状也有多种形式，分类方法也较多，常用的有以下几种。

（1）按压缩空气在活塞端面作用力的方向不同，分为单作用气缸和双作用气缸。

（2）按结构特点不同，分为活塞式、薄膜式、柱塞式和摆动式气缸等。

（3）按安装方式不同，可分为耳座式、法兰式、轴销式、凸缘式、嵌入式和回转式等。

（4）按功能分为普通式、缓冲式、气-液阻尼式、冲击和步进气缸等。

表 2-4　常见普通气缸的图形符号

| 单作用气缸 | 双 作 用 气 缸 | | | |
| --- | --- | --- | --- | --- |
| | 普 通 气 缸 | | 缓 冲 气 缸 | |
| <br>弹簧压出 | <br>单活塞杆 | <br>不可调单向 | <br>可调单向 | |
| <br>弹簧压入 | <br>双活塞杆 | <br>不可调双向 | <br>可调双向 | |

## 一、普通气缸

其中最常用的，即在缸筒内只有一个活塞和一根活塞杆的气缸。按压缩空气在活塞端面作用力的方向不同分为单作用气缸和双作用气缸。

（一）单作用气缸

单作用气缸只在活塞一侧可以通入压缩空气使其伸出或缩回，另一侧是通过呼吸孔开放在大气中的，其结构和实物图分别如图 2-23、图 2-24 所示。这种气缸只能在一个方向上做功。

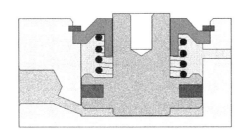
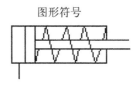

图形符号

图 2-23　单作用气缸结构

图 2-24　单作用气缸——AIRTAC 单作用气缸 MSAL32X50-S-CA

活塞的反向动作则靠一个复位弹簧或施加外力来实现。由于压缩空气只能在一个方向上控制气缸活塞的运动,所以称为单作用气缸。

单作用气缸的特点如下:

(1)由于单边进气,因此结构简单,耗气量小。

(2)缸内安装了弹簧,增加了气缸长度,缩短了气缸的有效行程,且其行程还受弹簧长度限制。

(3)借助弹簧力复位,使压缩空气的能量有一部分用来克服弹簧张力,减小了活塞杆的输出力;而且输出力的大小和活塞杆的运动速度在整个行程中随弹簧的变形而变化。

因此单作用气缸多用于行程较短以及对活塞杆输出力和运动速度要求不高的场合。

(二)双作用气缸

双作用气缸活塞的往返运动是依靠压缩空气从缸内被活塞分隔开的两个腔室(有杆腔、无杆腔)交替进入和排出来实现的,压缩空气可以在两个方向上做功。由于气缸活塞的往返运动全部靠压缩空气来完成,所以称为双作用气缸,其结构和实物分别如图 2-25 和图 2-26 所示。

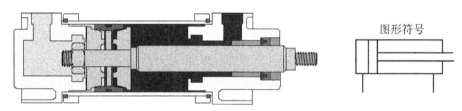

**图 2-25   双作用气缸结构**

**图 2-26   AIRTAC 带磁环双作用气缸 MAL32X125-S-CA**

在压缩空气作用下,双作用气缸活塞杆既可以伸出,也可以回缩。通过缓冲调节装置,可以调节其终端缓冲。气缸活塞上永久磁环可用于驱动行程开关动作。

由于没有复位弹簧,双作用气缸可以获得更长的有效行程和稳定的输出力。但双作用气缸是利用压缩空气交替作用于活塞上实现伸缩运动的,由于回缩时压缩空气的有效作用面积较小,所以产生的力要小于伸出时产生的推力。

(三)缓冲装置

在利用气缸进行长行程或重负荷工作时,当气缸活塞接近行程末端仍具有较高的速度,可能造成对端盖的损害性冲击。为了避免这种现象,应在气缸的两端设置缓冲装置。

缓冲装置的作用是当气缸行程接近末端时,减缓气缸活塞的运动速度,防止活塞对端盖的高速撞击。

当由气缸移动大惯性物体时,通常在气缸终端增加缓冲装置。在缓冲段外,压缩空气直接从出气口排出。在缓冲段内,由于缓冲装置的作用,从而使气缸活塞运动速度减慢,减小了活塞对缸盖的冲击。

1. 缓冲气缸

在端盖上设置缓冲装置的气缸称为缓冲气缸,否则称为无缓冲气缸。缓冲装置主要由节流阀、缓冲柱塞和缓冲密封圈组成,如图 2-27 所示。

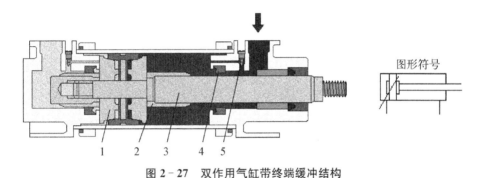

图 2-27　双作用气缸带终端缓冲结构

1-活塞;2-缓冲柱塞;3-活塞杆;4-缓冲密封圈;5-节流阀

缓冲气缸接近行程末端时,缓冲柱塞阻断了空气直接流向外部的通路,使空气只能通过一个可调的节流阀排出。

由于空气排出受阻,使活塞运动速度下降,避免了活塞对端盖的高速撞击。图中,节流阀的开度可调,即缓冲作用大小可调,这种缓冲气缸称为可调缓冲气缸;如果节流阀开度不可调则称为不可调缓冲气缸。在以后的实验中为降低噪声和延长元件使用寿命,将主要采用缓冲气缸。

2. 缓冲器

对于运动件质量大、运动速度很高的气缸,如果气缸本身的缓冲能力不足,仍会对气缸端盖和设备造成损害。为避免这种损害,应在气缸外部另外设置缓冲器来吸收冲击能。

常用的缓冲器有弹簧缓冲器(见图 2-28)、气压缓冲器和液压缓冲器(见图 2-29)。弹簧缓冲器是利用弹簧压缩产生的弹力来吸收冲击时的机械能;气压和液压缓冲器都是

图 2-28　弹簧缓冲器剖面结构及实物

**图 2 - 29　液压缓冲器剖面结构及实物**

主要通过气流或液流的节流流动来将冲击能转化为热能,其中液压缓冲器能承受高速冲击,缓冲性能好。

### 二、其他类型的气缸

气缸的种类非常繁多。除上面所述最常用的单作用、双作用气缸外,还有无杆气缸、导向气缸、双出杆气缸、多位气缸、气囊气缸和气动手指等。

#### 1. 无杆气缸

无杆气缸就是没有活塞杆的气缸,它利用活塞直接或间接带动负载实现往复运动。由于没有活塞杆,气缸可以在较小的空间中实现更长的行程运动。无杆气缸主要有机械耦合、磁性耦合等结构形式。

机械耦合式无杆气缸在压缩空气的作用下,气缸活塞—滑块机械组合装置可以做往复运动。这种无杆气缸通过活塞—滑块机械组合装置传递气缸输出力,缸体上有管状沟槽可以防止其扭转。为了防止泄漏及防尘要求,在开口部采用密封和防尘不锈钢带,并固定在两个端盖上,其剖面结构及实物如图 2 - 30 所示。

磁性耦合式无杆气缸在活塞上安装了一组高磁性稀土永久磁环,其输出力的传递靠磁性耦合,由内磁环带动缸筒外边的外磁环与负载一起移动。

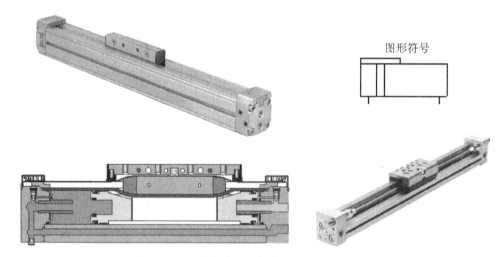

图形符号

**图 2 - 30　机械耦合式无杆气缸剖面结构及实物**

其特点是无外部空气泄漏,节省轴向空间;但当速度过快或负载太大时,可能造成内外磁环脱离。其剖面结构及实物如图 2-31 所示。

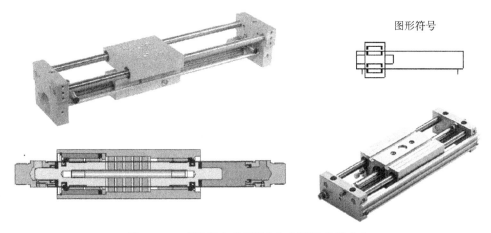

图形符号

**图 2-31　磁性耦合式无杆气缸剖面结构及实物**

2. 双活塞杆气缸

双活塞杆气缸具有两个活塞杆,如图 2-32 所示。在双活塞杆气缸中,通过连接板将两个并列的活塞杆连接起来,在定位和移动工具或工件时,这种结构可以抗扭转。与相同缸径的标准气缸相比,双活塞杆气缸可以获得两倍的输出力。

**图 2-32　双活塞杆气缸实物**

3. 双端单活塞杆气缸

双端单活塞杆气缸也称为双出杆气缸。这种气缸的活塞两端都有活塞杆,活塞两侧受力面积相等,即气缸的推力和拉力是相等的,如图 2-33(a)所示。

(a)　　　　　　　　　　　　　　　　(b)

**图 2-33　双端单活塞杆气缸与双端双活塞杆气缸**

(a)双端单活塞杆气缸　(b)双端双活塞杆气缸

### 4. 双端双活塞杆气缸

这种气缸活塞两端具有两个双端活塞杆,如图2-33(b)所示。在这种气缸中,通过两个连接板将两个并列的双端活塞杆连接起来,在定位和移动工具或工件时,这种结构可以获得良好的抗扭转性。和双活塞杆气缸一样,与相同缸径的标准气缸相比,这个双活塞杆气缸输出力是其输出力的两倍。

### 5. 导向气缸

导向气缸一般由一个标准双作用气缸和一个导向装置组成。其特点是结构紧凑、坚固,导向精度高,并能抗扭矩,承载能力强。

导向气缸的驱动单元和导向单元被封闭在同一外壳内,并可根据具体要求选择安装滑动轴承或滚动轴承支承,其结构如图2-34所示,实物如图2-35所示。

图2-34　导向气缸结构

1-端板;2-导杆;3-滑动轴承或滚动轴承支承;4-活塞杆;5-活塞;6-缸体

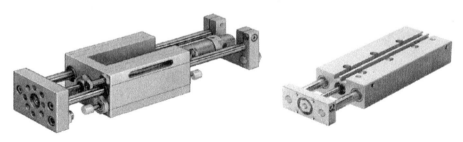

图2-35　导向气缸

### 6. 多位气缸

由于压缩空气具有很强的可压缩性,所以气缸本身不能实现精确定位。将缸径相同但行程不同的两个或多个气缸连接起来,组合后的气缸就能具有3个或3个以上的精确停止位置,这种类型气缸称为多位气缸,其实物如图2-36所示。

### 7. 气囊气缸

气囊气缸是通过对一节或多节具有良好伸缩性的气囊进行充气加压和排气来实现对负载的驱动。气囊气缸既可以作为驱动器也可以作为气弹簧来使用。通过给气缸加压或排气,该气缸可作为驱动器来使用;如果保持气囊气缸的充气状态,就成了一个气弹簧。

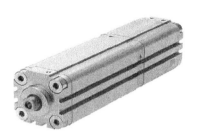

图 2-36　多位气缸

这种气缸的结构简单,由两块金属板扣住橡胶气囊而成,如图 2-37 所示。气囊气缸为单作用动作方式,无需复位弹簧。

图 2-37　气囊气缸

### 8. 气动肌键

气动肌键是一种新型的气动执行机构,它由一个柔性软管构成的收缩系统和连接器组成,如图 2-38 所示。当压缩气体进入柔性管时,气动肌键就在径向上扩张,长度变短,产生拉伸力,并在径向有收缩运动。气动肌键的最大行程可达其额定长度的 25 倍,可产生比传统气动驱动器驱动力大 10 倍的力。由于其具有良好的密封性,可以不受污垢、沙子和灰尘的影响。

图 2-38　气动肌键

### 9. 气动手指

气动手指(气爪)可以实现各种抓取功能,是现代气动机械手中一个重要部件。气动手指的主要类型有平行手指气缸、摆动手指气缸、旋转手指气缸和三点手指气缸等。气动手指能实现双向抓取、动对中,并可安装无接触式位置检测元件,有较高的重复精度。

1) 平行气爪

平行气爪通过两个活塞工作。

通常让一个活塞受压,另一活塞排气实现手指移动。平行气爪的手指只能轴向对心移动,不能单独移动一个手指,其剖面结构与实物如图 2 - 39 所示。

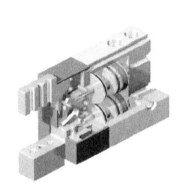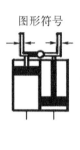

图 2 - 39　平行手指剖面结构与实物

2) 摆动气爪

摆动气爪通过一个带环形槽的活塞杆带动手指运动。由于气爪手指耳环始终与环形槽相连,所以手指移动能实现自对中,并保证抓取力矩的恒定,其剖面结构与实物如图 2 - 40 所示。

图 2 - 40　摆动手指剖面结构与实物

3) 旋转气爪

旋转气爪是通过齿轮齿条来进行手指运动的。齿轮齿条可使气爪手指同时移动并自动对中,并确保抓取力的恒定,其剖面结构与实物如图 2 - 41 所示。

4) 三点气爪

三点气爪通过一个带环形槽的活塞带动 3 个曲柄工作。每个曲柄与一个手指相连,因而使手指打开或闭合,其剖面结构与实物如图 2 - 42 所示。

图 2‑41 旋转手指剖面结构与实物

图 2‑42 三点手指剖面结构与实物

10. 摆动气缸

摆动气缸是利用压缩空气驱动输出轴在小于 360°的角度范围内的做往复摆动的气动执行元件,多用于物体的转位、工件的翻转、阀门的开闭等场合。

摆动气缸按结构特点可分为叶片式、齿轮齿条式两大类。

1) 叶片式摆动气缸

叶片式摆动气缸是利用压缩空气作用在装在缸体内的叶片上来带动回转轴实现往复摆动。当压缩空气作用在叶片的一侧,叶片另一侧排气,叶片就会带动转轴向一个方向转动;改变气流方向就能实现叶片反向的转动。叶片式摆动气缸具有结构紧凑、工作效率高的特点,常用于工件的分类、翻转、夹紧。

叶片式摆动气缸可分为单叶片式和双叶片式两种。单叶片式输出轴转角大,可以实现小于 360°的往复摆动,其剖面结构及实物如图 2‑43 所示;双叶片式输出轴转角小,只能实现小于 180°的摆动。通过挡块装置可以对摆动气缸的摆动角度进行调节。为便于角度调节,马达背面一般装有标尺。

2) 齿轮齿条式摆动气缸

齿轮齿条式摆动气缸利用气压推动活塞带动齿条做往复直线运动,齿条带动与之啮合的齿轮做相应的往复摆动,并由齿轮轴输出转矩。

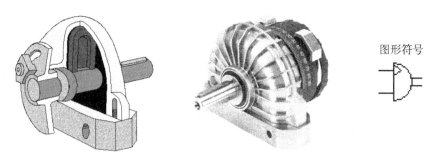

图形符号

图 2-43　单叶片式摆动气缸剖面结构及实物

这种摆动气缸的回转角度不受限制,可超过 360°(实际使用一般不超过 360°),但不宜太大,否则齿条太长不合适,其工作原理及剖面结构如图 2-44 所示,实物如图 2-45 所示。齿轮齿条式摆动气缸有单齿条和双齿条两种结构。图 2-44 为单齿条式摆动气缸,其结构原理为压缩空气推动活塞 4 从而带动齿条组件 3 做直线运动,齿条组件 2 则推动齿轮 1 做旋转运动,由齿轮轴输出力矩。输出轴与外部机构的转轴相连,让外部机构作摆动。摆动气缸的行程终点位置可调,且在终端可调缓冲装置,缓冲大小与气缸摆动的角度无关,在活塞上装有一个永久磁环,行程开关可固定在缸体的安装沟槽中。

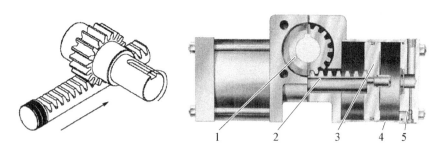

1　　　2　　　3　　4　5

图 2-44　齿轮齿条摆动气缸工作原理及剖面结构

1-齿轮;2-齿条;3-缸体;4-活塞;5-出气孔

图形符号

图 2-45　齿轮齿条摆动气缸

## 三、气动马达

气动马达是将压缩空气的压力能转换成旋转的机械能的装置。气动马达有叶片式、活塞式、齿轮式等多种类型。气动马达的突出特点是具有防爆、高速等优点,也有其输出功率小、耗气量大、噪声大和易产生振动等缺点。在气压传动中使用最广泛的是叶片式和活塞式马达,现以叶片式气动马达为例简单介绍气动马达的工作原理。

1. 叶片式气动马达

叶片式气动马达主要由定子、转子和叶片组成。如图2-46所示,压缩空气由输入口进入,作用在工作腔两侧的叶片上。由于转子偏心安装,气压作用在两侧叶片上的转矩不等,使转子旋转。转子转动时,每个工作腔的容积在不断变化。相邻两个工作腔间存在压力差,这个压力差进一步推动转子的转动。做功后的气体从输出口输出。如果调换压缩空气的输入和输出方向,就可让转子反向旋转。

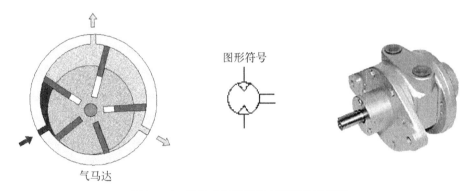

图2-46 叶片式气动马达剖面结构及实物

叶片马达体积小、重量轻、结构简单,但耗气量较大,一般用于中、小容量,高转速的场合。

2. 活塞式气动马达

活塞式气动马达是一种通过曲柄或斜盘将多个气缸活塞的输出力转换为回转运动的气动马达。活塞式气动马达中为达到力的平衡,气缸数目大多为偶数。气缸可以径向配置和轴向配置,称为径向活塞式气动马达和轴向活塞式气动马达。图2-47中所示的径向活塞式气动马达剖面结构中,5个气缸均匀分布在气动马达壳体的圆周上,5个连杆都装在同一个曲轴的曲拐上。压缩空气顺序推动各气缸活塞伸缩,从而带动曲轴连续旋转。

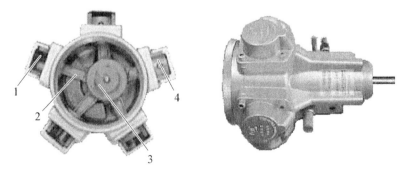

图2-47 活塞式气动马达剖面结构及实物

1-气缸体;2-连杆;3-马达轴心;4-活塞

压缩空气由进气口进入气缸1,推动活塞4及连杆组件2运动。通过活塞连杆带动曲轴3旋转。曲轴旋转的同时,带动与曲轴固定在一起的配气阀同步转动,使压缩空气随着配气阀角度位置的改变进入不同的缸内,依次推动各个活塞运动,各活塞及连杆带动曲轴连续运转。与此同时,与进气缸相对应的气缸分别处于排气状态。

活塞式气动马达有较大的启动力矩和功率,但结构复杂、成本高,且输出力矩和速度必然存在一定的脉动,主要用于低速大转矩的场合。

3. 气动马达的特点

气动马达与电动机和液压马达相比,有以下特点:

(1) 由于气动马达的工作介质是压缩空气,以及它本身结构上的特点,有良好的防爆、防潮和耐水性,不受振动、高温、电磁、辐射等影响,可在高温、潮湿、高粉尘等恶劣环境下使用。

(2) 气动马达具有结构简单、体积小、重量轻、操纵容易、维修方便等特点,其用过的空气也不需处理,不会造成污染。

(3) 气动马达有很宽的功率和速度调节范围。气动马达功率小到几百瓦,大到几万瓦,转速可以从 0~25 000 r/min 或更高。通过对流量的控制即可非常方便地达到调节功率和速度的目的。

(4) 正反转实现方便。只要改变进气排气方向就能实现正反转换向,而且回转部分惯性小,且空气本身的惯性也小,所以能快速地启动和停止。

(5) 具有过载保护性能。在过载时气动马达只会降低速度或停车,当负载减小时即能重新正常运转,不会因过载而烧毁。

(6) 气动马达能长期满载工作,由于压缩空气绝热膨胀的冷却作用,能降低滑动摩擦部分的发热,因此气动马达能在高温环境下运行,其温升较小。

(7) 气动马达,特别是叶片式气动马达转速高,零部件部件磨损快,需及时检修、清洗或更换零部件。

(8) 气动马达还具有输出功率小、耗气量大、效率低、噪声大和易产生振动等缺点。

由于气动马达具有以上诸多特点,故它可在潮湿、高温、高粉尘等恶劣的环境下工作。除被用于矿山机械中的凿岩、钻采、装载等设备中外,气动马达也在船舶、冶金、化工、造纸等行业得到广泛应用。

## 四、真空系统

真空系统一般由真空发生器(真空压力源)、真空吸盘(执行元件)、控制阀(有手动阀、机控阀、气控阀和电磁阀)及附件(过滤器、消声器等)组成。

1. 真空发生器

真空发生器的工作原理如图2-48所示。

当压缩空气通过喷嘴1射入接收室2,形成射流。射流卷吸接收室内的静止空气并

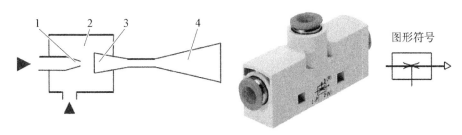

**图 2-48  真空发生器工作原理及实物**

1-喷嘴；2-接收室；3-混合室；4-扩散室

和它一起向前流动进入混合室 3 并由扩散室 4 导出。由于卷吸作用，在接收室内会形成一定的负压。接收室下方与吸盘相连，就能在吸盘内产生真空。当达到一定的真空度就能将吸附的物体吸持住。

2. 真空吸盘

真空吸盘是真空系统中的执行元件，用于吸持表面光滑平整的工件，通常它由橡胶材料和金属骨架压制而成，如图 2-49 所示。吸盘有多种不同的形状，常用的有圆形平吸盘和波纹形吸盘。波纹形吸盘相对圆形平吸盘有更强的适应性，允许工件表面有轻微的不平、弯曲或倾斜，同时在吸持工件进行移动时有较好的缓冲性能。

**图 2-49  真空吸盘**

3. 其他真空元件

真空系统中除了真空发生器和真空吸盘这两个主要元件外，还有真空电磁阀、真空压力开关、空气过滤器、油雾分离器、真空安全开关等元件。

（1）真空电磁阀：控制真空发生器通断。

（2）空气过滤器、油雾分离器：防止压缩空气中污染物引起真空元件故障。

（3）真空压力开关：检测真空度是否达到要求，防止工件因吸持不牢而跌落。

（4）真空安全开关：在由多个真空吸盘构成的真空系统中确保一个吸盘失效后仍维持系统真空度不变。

4. 使用注意

真空系统在使用时主要有以下注意事项：

供给的气源应经过净化处理，也不能含有油雾。

在恶劣环境中工作时,真空压力开关前也应安装过滤器。

(1)真空发生器与吸盘间的连接管应尽量短,且不承受外力。拧动时要防止因连接管扭曲变形造成漏气。

(2)为保证停电后保持一定真空度,防止真空失效造成工件松脱,应在吸盘与真空发生器间设置单向阀,真空电磁阀也应采用常通型结构。

(3)吸盘的吸着面积应小于工件的表面积,以免发生泄漏。

(4)对于大面积的板材宜采用多个大口径吸盘吸吊,以增加吸吊平稳性。一个真空发生器带多个吸盘时,每个吸盘应单独配有真空压力开关,以保证其中任一吸盘漏气导致真空度不符合要求时,都不会起吊工件。

## ◯ 动手做——气动执行元件的选用

### 一、气缸的选用

#### (一)选用原则

气缸的合理选用,是保证气动系统正常工作的前提。合理选用气缸,就是要根据各生产厂家要求的选用原则,使气缸符合正常的工作条件,这些条件包括工作压力范围、负载要求、工作行程、工作介质、环境条件、润滑条件及安装要求等。

我国目前已生产出五种标准化气缸供用户优先选用。这些气缸从结构到参数都已经标准化、系列化,在生产过程中应尽可能使用标准气缸,这样可使产品具有互换性,给设备的使用和维修带来方便。气缸选用的要点如下:

(1)安装形式的选择。由安装位置、使用目的等因素决定。在一般场合下,多用固定式气缸。在需要随同工作机构连续回转时应选用回转气缸。除要求活塞杆做直线运动外,有要求气缸做较大的圆弧摆动时,则选用轴销式气缸。仅需要做往复摆动时,应选用单叶片或双叶片摆动气缸。

(2)作用力的大小。根据工作机构所需力的大小来确定活塞杆上的推力和拉力。一般应根据工作条件的不同,按力平衡原理计算出气缸作用力再乘以 $1.15\sim2$ 的备用系数,从而去选择和确定气缸内径。气缸的运动速度主要取决于气缸进、排气口及导管内径,选取时以气缸进排气口连接螺纹尺寸为基准。为获得缓慢而平稳的运动可采用气-液阻尼缸。普通气缸的运动速度为 $0.5\sim1\text{ m/s}$,对高速运动的气缸应选缓冲气缸或在回路中加缓冲装置。

(3)负载的情况。根据气缸的负载状态和负载运动状态确定负载力和负载率,再根据使用压力应小于气源压力85%的原理,按气源压力确定使用压力 $p$。对单作用缸按照杆径与缸径比为0.5,双作用杆径与缸径比为 $0.3\sim0.4$ 预选,并根据公式便可求得缸径 $D$,将所求出的 $D$ 值标准化即可。若 $D$ 尺寸过大,可采用机械扩力机构。

(4)行程的大小。根据气缸及传动机构的实际运行距离来预选气缸的行程,以便于安装调试。对计算出的距离加大 10～20 mm 为宜,但不能太长,以免增大耗气量。

(二)操作步骤

气缸选择的主要步骤:确定气缸的类型,计算气缸内径及活塞杆直径,对计算出的直径进行圆整,根据圆整值确定气缸型号。

1. 计算气缸内径

在一般情况下,根据气缸所使用的压力 $p$、轴向负载力 $F$ 和气缸的负载率 $\eta$ 来计算气缸内径,$p$ 应小于减压阀进口压力的 85%。

(1)负载力的计算:负载力是选择气缸的重要因素,因此必须先根据负载的受力状况计算轴向负载力的大小和方向。

(2)气缸负载率 $\eta$ 的计算与选择:气缸的负载率 $\eta$ 是气缸活塞杆受到轴向负载力 $F$ 与气缸的理论输出力 $F_0$ 之比。

$$\eta = \frac{F}{F_0} \times 100\%$$

负载率可以根据气缸的工作压力选取,如表 2-5 所示。

表 2-5  气缸工作压力与负载率的关系

| $p$(MPa) | 0.06 | 0.2 | 0.24 | 0.3 | 0.4 | 0.5 | 0.6 | 0.7～1 |
|---|---|---|---|---|---|---|---|---|
| $\eta$ | 10%～30% | 15%～40% | 20%～50% | 25%～60% | 30%～65% | 35%～70% | 40%～75% | 45%～75% |

(3)气缸内径的计算方法:确定了 $F$、$\eta$ 和 $p$ 后,可以根据气缸的理论输出力的计算方法来反推气缸的内径 $D$。

单出杆、双作用气缸的计算方法如下。

活塞杆伸出时:
$$D = \sqrt{\frac{4F}{\pi p \eta}}$$

活塞杆返回时:
$$D = \sqrt{\frac{4F}{\pi p \eta} + d^2}$$

计算出 $D$ 后,再按标准的缸径进行圆整,缸筒内径的圆整如表 2-6 所示。

表 2-6  缸筒内径的圆整值

| | | | | | | | | | | | |
|---|---|---|---|---|---|---|---|---|---|---|---|
| 8 | 10 | 12 | 16 | 20 | 25 | 32 | 40 | 50 | 63 | 80 | (90) | 100 |
| 125 | (140) | 160 | (180) | 200 | (220) | 250 | (280) | 320 | (360) | 400 | 450 | |

2. 活塞杆直径的确定

在确定气缸活塞杆直径时,一般按 $d/D = 0.2～0.3$ 进行计算,计算后再按标准值进行圆整,活塞杆直径的圆整值如表 2-7 所示。

表2-7 活塞杆直径圆整值

| 4 | 5 | 6 | 8 | 10 | 12 | 14 | 16 | 18 | 20 | 22 | 25 |
|---|---|---|---|----|----|----|----|----|----|----|-----|
| 28 | 32 | 36 | 40 | 45 | 50 | 56 | 63 | 70 | 80 | 90 | 100 |
| 110 | 125 | 140 | 160 | 180 | 200 | 220 | 250 | 280 | 320 | 360 | — |

### 3. 后续工作

选好气缸内径和活塞杆直径后，还要选用密封件、缓冲装置，确定防尘罩。

### (三) 工作任务单

表2-8 任务实施工作任务单

| 姓名 | | 班级 | | 组别 | | | 日期 | |
|------|---|------|---|------|---|---|------|---|
| 任务名称 | 执行元件的选用 | | | | | | | |
| 工作任务 | 执行元件的选择、参数的计算 | | | | | | | |
| 任务描述 | 在教师的指导下，根据具体的任务要求，选择正确的执行元件，并计算该执行元件的主要参数 | | | | | | | |
| 任务要求 | 1. 了解实训室或生产车间安全知识 | | | | | | | |
| | 2. 选择执行元件的类型和种类 | | | | | | | |
| | 3. 计算执行元件的主要参数 | | | | | | | |
| 提交成果 | 1. 选择的执行元件 | | | | | | | |
| | 2. 计算得出的缸径值和活塞杆直径值 | | | | | | | |
| 考核评价 | 序号 | 考核内容 | | 配分 | 评 分 标 准 | | | 得分 | |
| | 1 | 安全意识 | | 20 | 遵守规章、制度 | | | | |
| | 2 | 工具的使用 | | 10 | 正确使用实验工具 | | | | |
| | 3 | 执行元件选择 | | 10 | 元器件选择正确 | | | | |
| | 4 | 参数计算 | | 50 | 计算完整、准确 | | | | |
| | 5 | 团队协作 | | 10 | 与他人合作有效 | | | | |
| 指导教师 | | | | | 总　　分 | | | | |

## ◇ 任务小结

选择夹紧机构的执行元件的步骤为：确定气动执行元件类型→计算气缸内径及活塞杆直径→对计算出的直径进行圆整→根据圆整值确定气缸型号。

因为该任务夹紧机构需要实现往复直线运动，所以选择气缸作为夹紧装置的气动执行元件。

**项目小结**

　　本项目通过介绍有关压缩空气的基础知识,进一步认识其作为气压系统中的工作介质对系统正常可靠工作的作用和影响。系统介绍了气源系统的构成和压缩空气的制备、过滤、净化、干燥等处理过程及相关元件的结构和工作原理。

　　对各种类型的气动执行元件:气缸、摆动缸、气动马达的结构、工作原理和特点进行了系统的介绍。同时还介绍了真空元件的基本结构和工作原理以及真空系统的构成和使用时的注意事项。

**实践训练**

## 课 后 习 题

　　**1. 填空题**

　　(1) 气动系统对压缩空气的主要要求有:具有一定＿＿＿＿和＿＿＿＿,并具有一定的＿＿＿＿程度。

　　(2) 气源装置一般由气压＿＿＿＿装置、＿＿＿＿及＿＿＿＿压缩空气的装置和设备、传输压缩空气的管道系统和＿＿＿＿四部分组成。

　　(3) 空气压缩机简称＿＿＿＿,是气源装置的核心,用以将原动机输出的机械能转化为气体的压力能空气压缩机的种类很多,但按工作原理主要可分为＿＿＿＿和＿＿＿＿(叶片式)两类。

　　(4) ＿＿＿＿、＿＿＿＿、＿＿＿＿一起称为气动三联件,三联件依次无管化连接而成的组件称为＿＿＿＿,是多数气动设备必不可少的气源装置。大多数情况下,三联件组合使用,三联件应安装在用气设备的＿＿＿＿。

　　(5) 气动三联件中所用的＿＿＿＿,起减压和稳压作用,工作原理与气压系统减压阀＿＿＿＿。

　　(6) 气动执行元件是将压缩空气的压力能转换为机械能的装置,包括＿＿＿＿和＿＿＿＿。

　　(7) 气压传动系统中,动力元件是＿＿＿＿,执行元件是＿＿＿＿,控制元件是＿＿＿＿。

　　**2. 判断题**

　　(1) 气源管道的管径大小是根据压缩空气的最大流量和允许的最大压力损失决定的。

　　　　　　　　　　　　　　　　　　　　　　　　　　　　　　　　　( 　 )

(2) 大多数情况下,气动三联件组合使用,其安装次序依进气方向为空气过滤器、后冷却器和气雾器。 （　　）

(3) 空气过滤器又名分水滤气器、空气滤清器,它的作用是滤除压缩空气中的水分、气滴及杂质,以达到气动系统所要求的净化程度,它属于二次过滤器。 （　　）

(4) 消声器的作用是排除压缩气体高速通过气动元件排到大气时产生的刺耳噪声污染。 （　　）

(5) 标记为 QG A80×100,表示气缸的直径为 80 mm,行程为 100 mm 的有缓冲普通气缸。 （　　）

(6) 气动压力控制阀都是利用作用于阀芯上的流体(空气)压力和弹簧力相平衡的原理来进行工作的。 （　　）

(7) 气动流量控制阀主要有节流阀,单向节流阀和排气节流阀等。都是通过改变控制阀的通流面积来实现流量的控制元件。 （　　）

(8) 气动马达的突出特点是具有防爆、高速、输出功率大、耗气量小等优点,但也有噪声大和易产生振动等缺点。 （　　）

(9) 在气动元件上使用的消声器,可按气动元件排气口的通径选择相应的型号,但应注意消声器的排气阻力不宜过大,应以不影响控制阀的切换速度为宜。 （　　）

(10) 气动马达是将压缩空气的压力能转换成直线运动的机械能的装置。 （　　）

(11) 气压传动系统中所使用的压缩空气直接由空气压缩机供给。 （　　）

**3. 选择题**

(1) 以下不是贮气罐的作用是(　　)。

A. 减少气源输出气流脉动

B. 进一步分离压缩空气中的水分和气分

C. 冷却压缩空气

(2) 利用压缩空气使膜片变形,从而推动活塞杆做直线运动的气缸是(　　)。

A. 气-气阻尼缸　　　B. 冲击气缸　　　C. 薄膜式气缸

(3) 气源装置的核心元件是(　　)。

A. 气马达　　　B. 空气压缩机　　　C. 气水分离器

(4) 低压空压机的输出压力为(　　)。

A. 小于 0.2 MPa　　B. 0.2~1 MPa　　C. 1~10 MPa

(5) 油水分离器安装在(　　)后的管道上。

A. 后冷却器　　　B. 干燥器　　　C. 贮气罐

(6) 在要求双向行程时间相同的场合,应采用哪种气缸(　　)。

A. 多位气缸　　　B. 膜片式气缸　　　C. 伸缩套筒气缸　　　D. 双出杆活塞缸

(7) 压缩空气站是气压系统的(　　)。

A. 辅助装置　　　B. 执行装置　　　C. 控制装置　　　D. 动力源装置

(8) 符号 ⟨图⟩ 代表(　　)。

A. 直线气缸　　　　　B. 摆动气缸　　　　　C. 单作用缸　　　　　D. 气马达

### 4. 简答题

(1) 一个典型的气动系统由哪几个部分组成?

(2) 气动系统对压缩空气有哪些质量要求,主要依靠哪些设备保证气动系统的压缩空气质量,并简述这些设备的工作原理。

(3) 空气压缩机分类方法有哪些? 在设计气动系统中如何选用空压机?

(4) 什么是气动三联件? 气动三联件的连接次序如何?

(5) 常用的气动辅件有哪些? 如何选择?

(6) 简述冲击气缸的工作过程及工作原理。

### 5. 计算题

(1) 图 2 - 50 所示,试分别计算图(a)、(b)中的大活塞杆上的推力和运动速度。

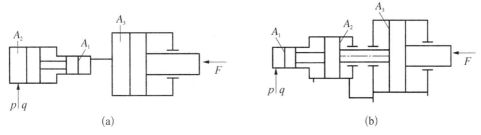

(a)　　　　　　　　　　　　　　　　　　　　(b)

图 2 - 50

(2) 某一差动气压缸,求在 $v_{快进}=v_{快退}$ 和 $v_{快进}=2v_{快退}$ 两种条件下活塞面积 $A_1$ 和活塞杆面积 $A_2$ 之比。

(3) 图 2 - 51 所示的两气压缸,结构相同,串联,无杆腔面积 A1＝0.02 m²,有杆腔面积 A2＝0.016 m²,缸 1 的输入压力 $p_1$＝3.6 MPa,输入流量 $q_1$＝24 L/min,不计损失和泄漏,求两缸负载相同时(F1＝F2),求负载大小及两缸的运动速度。

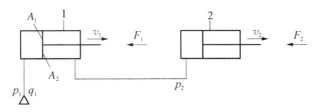

图 2 - 51

项目三　工件转运装置方向控制回路设计

项目描述

　　课题说明：如图 3-1 所示，利用一个气缸将某方向传送装置送来的木料推送到与其垂直的传送装置上做进一步加工。通过一个按钮使气缸活塞杆伸出，将木块推出；松开按钮，气缸活塞杆缩回。试根据上述工作要求，设计工件转运装置的控制系统回路。

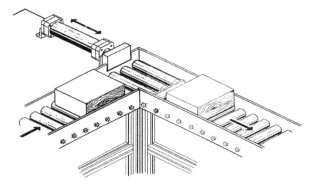

图 3-1　工件转运装置

项目分析

　　要完成对供料转运装置系统回路的设计，主要需解决好以下 3 点问题：气缸伸出、收回的控制，系统压力的调节与控制，气缸运行速度的控制。在气动系统中常采用方向控制回路、压力控制回路、速度控制回路来解决上述问题。而无论一个气动系统多么复杂，其均由一些基本回路组成。因此气动基本回路是分析、设计气动系统的基础，需对其有全面了解。

**知识目标**

1. 掌握气动方向控制阀的基本结构、工作原理、图形符号、特点、应用。
2. 掌握方向控制回路的工作原理和应用。
3. 掌握用 FluidSIM 绘制简单的气动换向回路。

**能力目标**

1. 会选用气动方向控制阀。
2. 能应用 FluidSIM 绘制简单的气动换向回路。
3. 能在实训台上正确安装、调试气动回路。
4. 严格遵守安全、文明操作规程。

# 任务一　认识方向控制阀

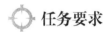

## 任务要求

通过认识各种不同类型的方向控制阀,选择适合工件转运装置控制回路的方向控制阀,用于搭建工件转运装置气动回路,实现项目中要求的功能。

## 跟我学——方向控制阀的种类及工作原理

在气动基本回路中实现气动执行元件运动方向控制的回路是最基本的,只有在执行元件的运动方向符合要求的基础上我们才能进一步对速度和压力进行控制和调节。

方向控制阀:用于通断气路或改变气流方向,从而控制气动执行元件启动、停止和换向的元件。方向控制阀主要有单向阀、换向阀和逻辑阀三种,其阀芯结构主要有截止式和滑阀式。

### 一、单向阀

单向阀,其作用是用来控制气体只能按照一个方向流动,而反向截止。它由阀体、阀芯、弹簧等零件组成,其结构原理如图 3 - 2(a)所示。正向通气,单向阀内有 P→A 气体正向通过时,膜片被气流推动向右移动,并且弹簧被压缩,阀门打开,A 口有气压输出,如图 3 - 2(b)所示。反向通气,A→P 由于弹簧复位力推动膜片张开,单向阀内的通路被阀芯封闭,阻断气体流通,因此 P 口无气压输出,如图 3 - 2(c)所示。单向阀实物如图 3 - 2(d)所示。在气压传动系统中单向阀一般和其他控制阀并联,使之只在某一特定方向上起控制作用。

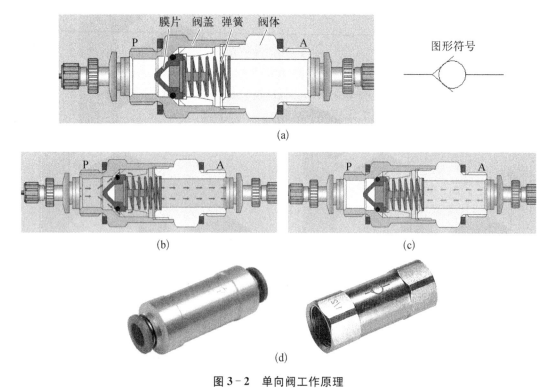

图 3 - 2  单向阀工作原理

(a) 结构图  (b) 正向通气  (c) 反向通气  (d) 单向阀实物

## 二、换向阀

换向阀是利用阀芯对阀体的相对运动,改变气体通道,使气体流动方向发生变化从而实现气动执行元件的启动、停止或运动方向的元件。换向阀的种类很多,其分类如表 3-1所示。换向阀按操控方式分主要有人力操纵控制、机械操纵控制、气压操纵控制和电磁操纵控制四类。

表 3 - 1  换向阀的分类

| 分 类 方 式 | 类 型 |
| --- | --- |
| 按阀的操纵方式分 | 手动、机动、电磁驱动、气动换向阀 |
| 按阀芯位置数和通道数分 | 二位三通、二位四通、三位四通、三位五通换向阀 |
| 按阀芯的运动方式分 | 滑阀、转阀和锥阀 |
| 按阀的安装方式分 | 管式、板式、法兰式、叠加式、插装式 |

### (一) 换向阀的表示方法

换向阀换向时各接口间有不同的通断位置,换向阀这些位置和通路符号的不同组合就可以得到各种不同功能的换向阀,如表 3-2所示。常开型和常闭型换向阀的符号如图 3-3所示。

表 3 - 2　常用换向阀的结构原理和图形符号

| 位 和 通 | 结 构 原 理 图 | 图 形 符 号 |
|---|---|---|
| 二位二通 | | |
| 二位三通 | | |
| 二位四通 | | |
| 二位五通 | | |
| 三位四通 | | |
| 三位五通 | | |

图 3 - 3　常开型和常闭型换向阀的符号

(a) 常开型二位三通换向阀　(b) 常闭型二位三通换向阀

　　图中所谓的"位"指的是为了改变流体方向,阀芯相对于阀体所具有的不同的工作位置。表现在图形符号中,即图形中有几个方格就有几位;所谓的"通"指的是换向阀与系统相连的通口,有几个通口即为几通。"⊤"和"⊥"表示各接口互不相通。

（1）用方框数表示阀的工作位置数，有几个方框就是几位阀。

（2）在一个方框内，箭头"↑"或堵塞符号"┬"或"┴"与方框相交的点数就是通路数，有几个交点就是几通阀，箭头"↑"表示阀芯处在这一位置时两油口相通，但不表示流向，"┬"或"┴"表示此油口被阀芯封闭（堵塞）不通流。

（3）三位阀中间的方框和二位阀靠近弹簧的方框为阀的常态位置（即未施加控制信号以前的原始位置）。在气动系统原理图中，换向阀的图形符号与气路的连接，一般应画在常态位置上。工作位置应遵守"左位"画在常态位的左面，"右位"画在常态位右面的规定。同时在常态位上应标出气口的代号。

（4）控制方式和复位弹簧的符号画在方框的两侧。

（二）换向阀的滑阀机能

换向阀处于常态位置时，阀中各油口的连通方式称为滑阀机能。三位阀的常态为中间位置，因此，三位换向阀的滑阀机能又称中位机能。不同机能的三位阀的阀体通用，但阀芯的台肩结构、尺寸及内部通孔情况有区别，常见三位四通换向阀的中位机能如表3-3所示。

表3-3　常见三位四通换向阀的中位机能

| 机能代号 | 结构原理图 | 中位图形符号 | 中位油口状况和特点 |
|---|---|---|---|
| O | 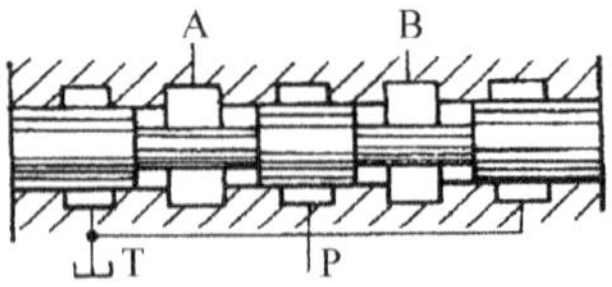 | 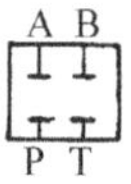 | 气口全封，执行元件闭锁，泵不卸荷 |
| H | 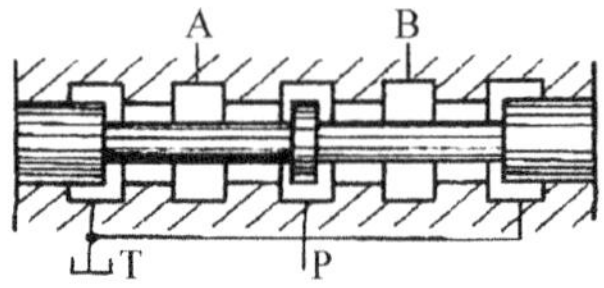 | 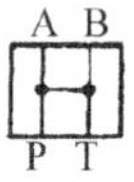 | 气口全通，执行元件浮动，泵卸荷 |
| P | 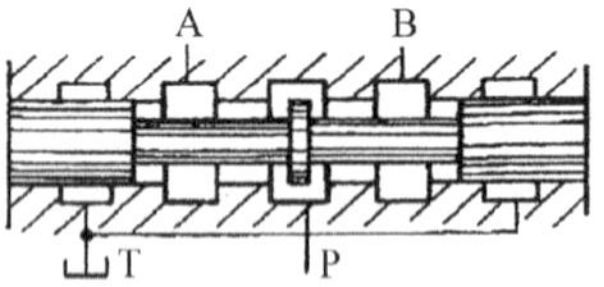 |  | T口封闭，P、A、B口相通，单杠缸差动，泵不卸荷 |
| Y | 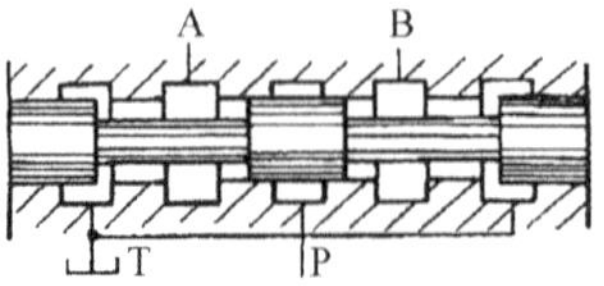 |  | P口封闭，T、A、B口相通，执行元件浮动，泵不卸荷 |
| M | 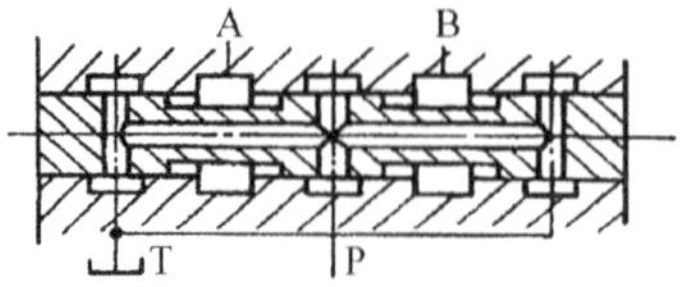 |  | P、T口相通，A、B口封闭，执行元件闭锁，泵卸荷 |

（三）换向阀的控制机构

### 1. 手动换向阀

依靠人力对阀芯位置进行切换的换向阀称为手动操纵控制换向阀，简称手动阀。手动阀又可分为手动阀和脚踏阀两大类。常用的按钮式换向阀的工作原理如图3-4(a)所示。

手动操纵换向阀与其他控制方式相比，使用频率较低，动作速度较慢。因操纵力不宜太大，所以阀的通径较小，操作也比较灵活。在直接控制回路中手动操纵换向阀用来直接操纵气动执行元件，用作信号阀。手动阀的常用操控机构实物如图3-4(b)(c)(d)所示。

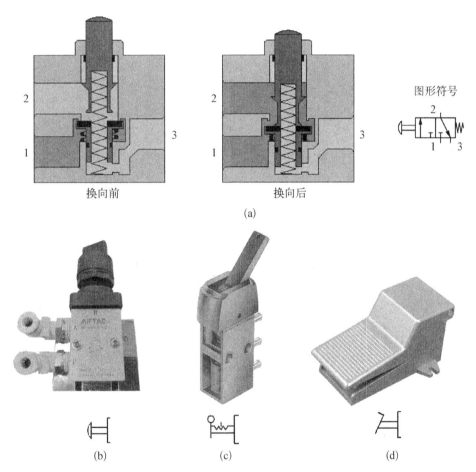

图 3-4 手动换向阀工作原理和常用操控机构实物

(a) 按钮式换向阀工作原理 (b) 按钮式换向阀实物 (c) 定位开关式换向阀实物 (d) 脚踏式换向阀实物

### 2. 机械操纵换向阀

机械操纵换向阀是利用安装在工作台上凸轮、撞块或其他机械外力来推动阀芯动作实现换向的换向阀。由于它主要用来控制和检测机械运动部件的行程，是最常用的接触式位置检测元件，所以一般也称为行程阀。它的工作原理和行程开关非常接近。行程阀是利用机械外力使其内部气流换向,行程开关是利用机械外力改变其内部电触点通断情况。

　　行程阀常见的操控方式有顶杆式、滚轮式、单向滚轮式等,如图3-5所示,其换向原理与手动换向阀类似。顶杆式是利用机械外力直接推动阀杆的头部使阀芯位置变化实现换向的。滚轮式头部安装滚轮可以减小阀杆所受的侧向力。单向滚轮式行程阀常用来排除回路中的障碍信号,其头部滚轮是可折回的。如图3-6(a)所示单向滚轮式行程阀只有在凸块从正方向通过滚轮时才能压下阀杆发生换向;如图3-6(b)所示反向通过时,滚轮式行程阀不换向。

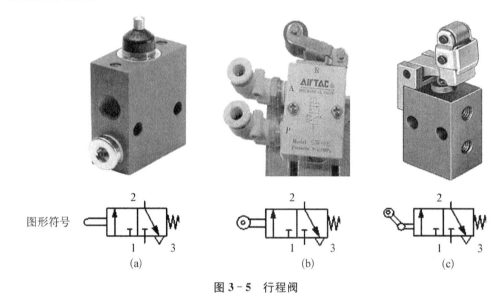

**图3-5　行程阀**

(a) 顶杆式　(b) 滚轮式　(c) 单向滚轮式

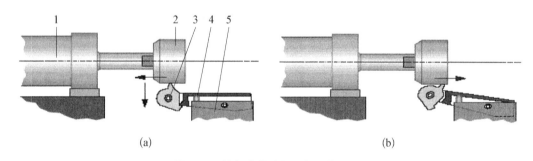

**图3-6　单向滚轮式行程阀工作原理**

(a) 正向通过　(b) 反向通过

1-气缸;2-凸块;3-滚轮;4-阀杆;5-行程阀阀体

### 3.电磁操纵换向阀

　　电磁换向阀是利用电磁线圈通电时所产生的电磁吸力使阀芯改变位置来实现换向的,简称为电磁阀。电磁阀能够利用电信号对气流方向进行控制,使得气压传动系统可以实现电气控制,是气动控制系统中最重要的元件。

电磁换向阀按操作方式的不同可分为直动式和先导式。图 3-7 为这两种操作方式的表示方法。

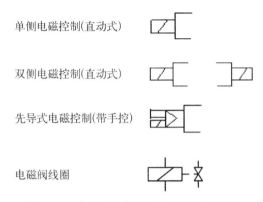

单侧电磁控制(直动式)

双侧电磁控制(直动式)

先导式电磁控制(带手控)

电磁阀线圈

**图 3-7　电磁换向阀操控方式的表示方法**

1) 直动式电磁换向阀

直动式电磁阀是利用电磁线圈通电时,静铁芯对动铁芯产生的电磁吸力直接推动阀芯移动实现换向的,其工作原理如图 3-8(a)所示,气体从 c 口进,d 口出。换向前 c 口和 d 口不通气;换向后,阀芯上移,c 口和 d 口相通。实物如图 3-8(b)所示。

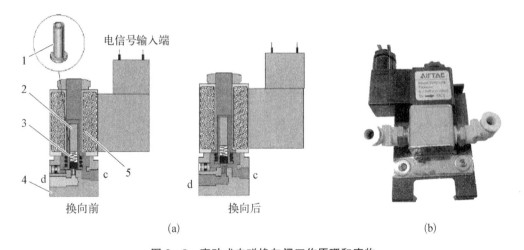

电信号输入端

1

2

3

4  d

c

5

换向前

d

c

换向后

(a)

(b)

**图 3-8　直动式电磁换向阀工作原理和实物**

(a)工作原理　(b)单电控二位二通换向阀 2V025-08
1—阀芯;2—动铁芯;3—复位弹簧;4—阀体;5—电磁线圈

2) 先导式电磁换向阀

直动式电磁阀由于阀芯的换向行程受电磁吸合行程的限制,只适用于小型阀。先导式电磁换向阀则是由直动式电磁阀(导阀)和气控换向阀(主阀)两部分构成。其中直动式电磁阀在电磁先导阀线圈得电后,导通产生先导气压。先导气压再来推动大型气控换向阀阀芯动作,实现换向。

工作原理如图 3 - 9 所示,该电磁阀是"弹簧对中,电磁控制,外部排气"结构。通过电磁线圈使阀芯移动,切换阀芯与台肩的通道,控制气流从一个方向切换成另一个方向。如图 3 - 9(a)所示,电磁阀未通电时,P - A - B - TAB 不通,TA - TB 排气。如图 3 - 9(b)所示,左线圈得电,P - B、A - TA 相通。如图 3 - 9(c)所示,右电磁线圈得电,P - A、B - TB 相通。实物图如 3 - 10 所示。

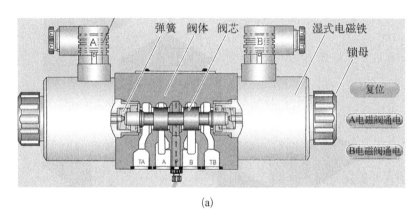

(a)

(b)　　　　　　　　　　(c)

图 3 - 9　先导式电磁换向阀工作原理

(a)电磁阀未通电　(b)左电磁线圈得电　(c)右电磁线圈得电

图 3 - 10　先导式双电控二位五通换向阀

4.气压操纵换向阀

气压控制换向阀是利用气压力来实现换向的,简称气控阀。根据控制方式的不同可分为加压控制、卸压控制和差压控制三种。

加压控制是指控制信号的压力上升到阀芯动作压力时,主阀换向,是最常用的气控阀;卸压控制是指所加的气压控制信号减小到某一压力值时阀芯动作,主阀换向;差压控制是利用换向阀两端气压有效作用面积的不等,使阀芯两侧产生压力差来使阀芯动作实现换向的。常用加压控制气控阀的工作原理如图3-11所示,图中(a)气控口未加压,气口2和3相通;图中(b)气控口加压,阀芯两侧产生压力差使阀芯动作实现换向,气口1和2相通,气口1、2之间有气体通过,箭头表示气体流动的方向。单气控二位三通常开式换向阀实物如图3-12所示,双气控二位五通换向阀实物如图3-13所示。

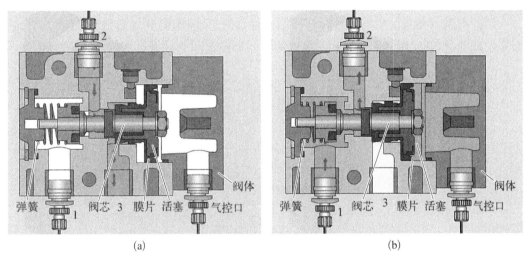

(a)　　　　　　　　　　　　　　(b)

图3-11　单气控常开直动式二位三通换向阀工作原理

(a)气控口未加压　(b)气控口加压

图3-12　单气控常开换向阀

图3-13　双气控换向阀

图 3-11 为单气控直动式二位三通换向阀,当气控口上有气压时,阀芯正对着复位弹簧移动,结果使进气口与工作口 2 相通,工作口 2 有气体输出,控制口上气压必须足够大,以克服作用在阀芯上的进气压力,使圆柱形阀芯在阀套内作轴向运动来实现,这种结构的换向阀称为滑阀式换向阀。滑阀式换向阀主要有以下特点:

(1) 换向行程长,即阀门从完全关闭到完全开启所需的时间长。

(2) 切换时,没有背压阻力,所需换向力小,动作灵敏。

(3) 结构具有对称性,作用在阀芯上的力保持轴向平衡,阀容易实现记忆功能。即使控制信号在换向阀换向完成后消失,阀芯仍能保持当前位置不变。

(4) 阀芯在阀体内滑动,对杂质敏感,对气源处理要求较高。

(5) 通用性强,易设计成多位多通阀。只要稍微改变阀套或阀芯的尺寸、形状就能实现机能的改变。

5. 气控延时换向阀

延时阀是气动系统中的一种时间控制元件,通过节流阀调节气室充气时压力上升速率来实现延时,延时阀有常开式和常闭式两种。如图 3-14(a) 所示二位三通延时阀,是一

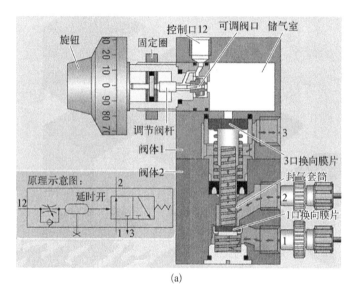

(a)

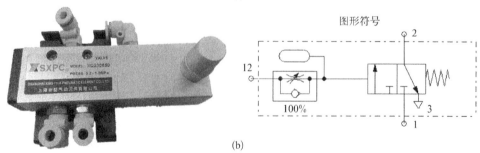

(b)

**图 3-14 气控延时换向阀**

(a) 常闭式延时阀结构和图形符号 (b) SXPC 气控延时阀常开式实物和图形符号

个组合阀,由二位三通换向阀、单向可调节节流阀和气室组成,通常延时阀的时间调节范围为0~30秒。通过增大气室,可以使其时间延长。当控制口12上的压力达到设定值时,单气控二位三通阀动作,进气口1与工作口3接通。实物图和图形符号如图3-14(b)所示。

### 三、逻辑阀

**(一) 或门型梭阀**

如图3-15所示,梭阀和双压阀一样有两个输入口A和B、一个输出口C。当输入口A或B有气信号时,此时相对应的另一个输入口被关闭,输出口C才有气信号输出("或逻辑功能"),如图3-15(a)(b)所示。当两个输入信号压力不等时,梭阀则输出压力高的一个。实物如图3-15(c)所示。

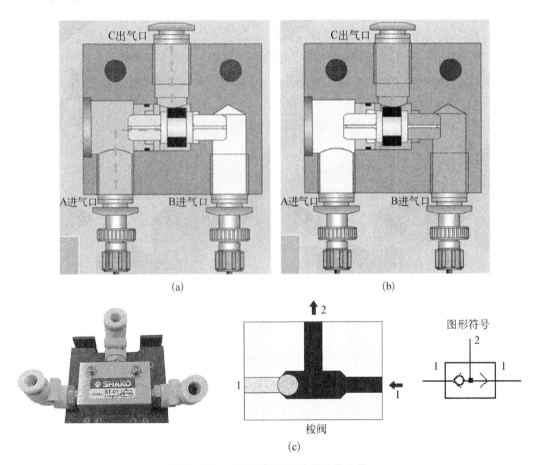

(a)    (b)

(c)

**图3-15  或门型梭阀工作原理及实物**

(a) A口通气    (b) B口通气    (c) SHAKO梭阀(或阀)ST-01

在气动控制回路中可以采用图3-16所示的方法实现逻辑"或",但不可以简单地通过输入信号的并联实现。因为,如果两个输入元件中只有一个有信号,其输出的压缩空气会从另一个输入元件的排气口漏出。

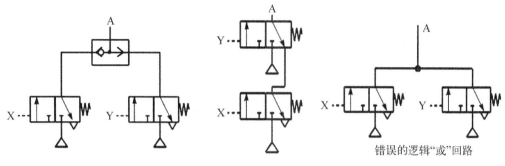

图 3-16   逻辑"或"功能

（二）与门型梭阀

如图 3-17(a)所示，与门型梭阀又称双压阀，该阀有两个输入口 1、2 和一个输出口 3。只有当 1、2 口同时都有气压输出时，出口 3 才有输出。如图 3-17(b)所示，当两个输入口气压相等时有等压输出，从而实现了逻辑"与门"的功能。当两个输入信号压力不等时，则输出压力相对低的一个，因此它还有选择压力作用。如图 3-17(c)所示，当只有一个输入口有输出时，输出口没有输出。双压阀可用于"互锁控制"、"安全控制"等逻辑功能。图 3-24(d)为 SHAKO 双压阀（与阀）实物。

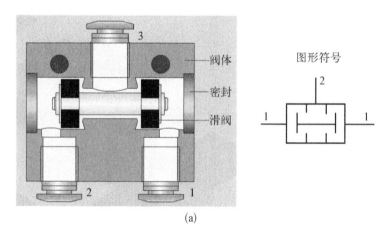

(a)

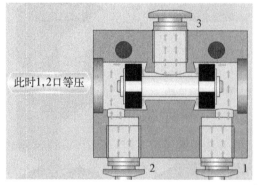
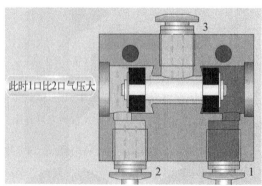

(b)

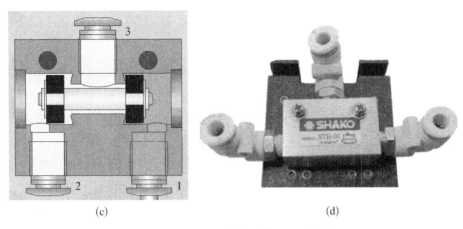

(c)　　　　　　　　　　　　　　　(d)

**图 3 - 17　与门型梭阀工作原理及实物**

(a) 未通气时　(b) 双路通气　(c) 单路通气　(d) SHAKO 双压阀(与阀)实物

在气动控制回路中的逻辑"与"除了可以用双压阀实现外,还可以通过输入信号的串联实现,如图 3 - 18 所示。

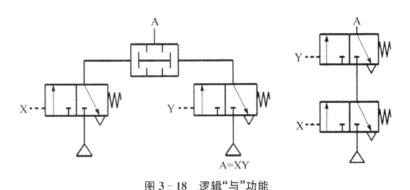

**图 3 - 18　逻辑"与"功能**

## 动手做——方向控制阀的选用

方向控制阀实质上就是一种开关阀,所谓方向控制就是使气路通或断,或者使流量汇集与分流。根据液压系统的要求选用适合的方向控制阀,必须考虑到下列方面:

(1) 额定压力。必须使所选方向阀控制阀的额定压力与气动系统工作压力相容,气动系统的最大压力应低于方向控制阀的额定压力。

(2) 额定流量。额定流量要高于工作流量,流经方向控制阀的最大流量一般不应大于阀的确定流量。还要注意到单作用气缸两边的面积差所造成的流量差异。

(3) 滑阀机能。不同滑阀机能的阀在换向时冲击力的大小不同,能够实现的功能也不同。

(4) 操作方式。应根据设备功能需要,选择合适的操作方式,例如,手动、机动(凸轮、杠杆等)、电磁铁控制、气动、气压先导控制等。

(5) 其他因素。除以上的因素外,还应考虑介质相容性,方向阀的响应时间,安装及连接方式,进出油口形式等。另外,产品的质量和价格,使用寿命、厂家的服务与信誉等也是方向控制阀选用时需要综合考虑的。

综合以上因素,该回路如果选择直接控制采用手动二位三通换向阀或手动二位五通换向阀;间接控制采用气控二位三通换向阀或气控二位五通换向阀;电气控制采用二位五通电磁换向阀。

# 任务二　认识基本的方向控制回路

## ◇ 任务要求

通过认识常用的换向回路,学习如何应用 FluidSIM 软件或宇龙机电控制仿真软件设计方向控制回路,并在实训台上搭建系统进行验证,为设计工件转运装置气动回路打下基础,以实现项目中要求的功能。

## ◇ 跟我学——常用换向回路的种类及工作原理

换向回路常用的有单作用气缸换向回路和双作用气缸换向回路。

### 一、单作用气缸的换向回路

如图 3-19(a)所示为由二位三通电磁阀控制的换向回路,通电时,二位三通电磁阀阀芯移动到下位,气源气体进入气缸下腔,活塞杆伸出;断电时,在弹簧力作用下活塞杆缩回,二位三通电磁阀复位到常态位,气缸下腔的气体从电磁阀消音器处排出。如图 3-19(b)所示为由三位五通阀控制的换向回路,该阀具有自动对中功能,可使气缸停在任意位置,但定位精度不高,定位时间不长。

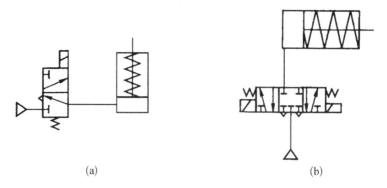

(a)　　　　　　　　　　　(b)

**图 3-19　单作用气缸的换向回路**

(a)二位三通电磁阀控制　(b)三位五通电磁阀控制

### 二、双作用气缸的换向回路

图 3-20(a)为小通径的手动换向阀控制二位五通主阀操纵气缸换向;图 3-20(b)为二位五通双电控阀操纵气缸换向;图 3-20(c)为两个小通径的手动换向阀控制二位五通主阀操纵气缸换向;图 3-20(d)为三位五通主阀操纵气缸换向,该回路可使气缸停在任意位置,但定位精度不高。

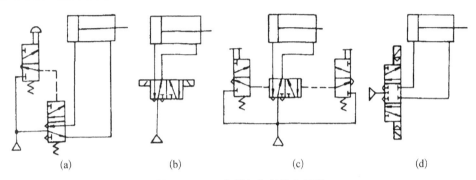

(a)　　　　　(b)　　　　　(c)　　　　　(d)

图 3-20　双作用气缸的换向回路

### 三、安全保护回路

由于气动机构负荷的过载、气压的突然降低,以及气动执行机构的快速动作等原因都可能危及操作人员或设备的安全,因此在气动回路中,常常要加入安全回路。需要指出的是,在设计任何气动回路时,特别是安全回路,都不可缺少过滤装置和油雾器。因为污染空气中的杂物,可能堵塞阀中的小孔与通路,使气路发生故障;缺乏润滑油,很可能使阀发生卡死或磨损,致使整个系统的安全都发生问题。下面介绍几种常用的安全保护回路。

(一)过载保护回路

图 3-21 为过载保护回路。活塞杆在伸出的过程中,若遇到偶然障碍或其他原因使气缸过载时,活塞就立即缩回,实现过载保护。如图 3-21 所示,在活塞伸出的过程中,若遇到挡块 6,无杆腔压力升高,打开顺序阀 3,使阀 2 换向,阀 4 随即复位,活塞立即退回。同样,若无挡块 6,气缸活塞杆向前运动时压下阀 5,活塞即刻返回。

(二)互锁回路

图 3-22 为互锁回路。在该回路中,四通阀的换向受三个串联的机动三通阀控制,只有三个都接通,主控制阀才能换向。

### 四、双手同时操作回路

所谓双手同时操作回路就是使用两个启动用的手动阀,只有同时按动两个阀才动作的回路。这种回路主要是为了安全,这在锻造、冲压机械上常用来避免误动作,以保护操作者的安全。

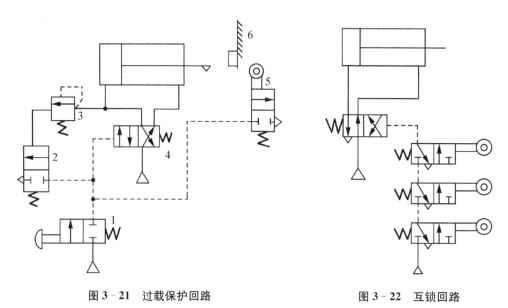

图 3-21  过载保护回路                              图 3-22  互锁回路

1-行程阀;2-二位二通气控阀;3-顺序阀;
4-二位四通气控阀;5-行程阀;6-挡块

图 3-23(a)为使用逻辑"与"回路的双手操作回路。为使主控阀换向,必须使压缩空气信号进入上方侧,为此必须使两只三通手动阀同时换向。另外这两个阀必须安装在单手不能同时操作的距离上,在操作时若有任何一只手离开则控制信号消失,主控阀复位,则活塞杆后退。

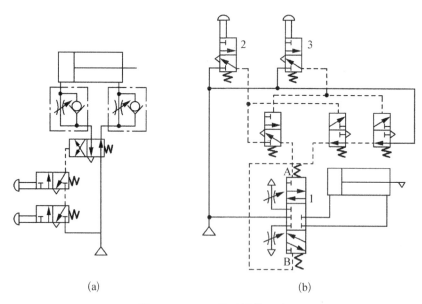

(a)                              (b)

图 3-23  双手同时操作回路

(a) 使用逻辑"与"回路    (b) 使用三位主控阀

图3-23(b)为使用三位主控阀的双手操作回路。把此主控阀1的信号A作为手动阀2和3的逻辑"与"回路,即只有手动阀2和3同时动作时,主控制阀1换向到上位,活塞杆前进;把信号B作为手动阀2和3的逻辑"或非"回路,即当手动阀2和3同时松开时(图示位置),主控制阀1换向到下位,活塞杆返回;若手动阀2或3任何一个动作,将使主控制阀复位到中位,活塞杆处于停止状态。

### 五、顺序动作回路

顺序动作是指在气动回路中,各个气缸按一定的程序完成各自的动作。例如,单缸有单往复动作、二次往复动作、连续往复动作等;双缸及多缸有单往复及多往复顺序动作等。

（一）单缸往复动作回路

单缸往复动作回路可分为单缸往复和单缸连续动作回路。前者指输入一个信号后,气缸只完成一次往复动作。而单缸连续动作回路指输入一个信号后,气缸可连续进行伸出缩回的动作。

图3-24为三种单往复动作回路。

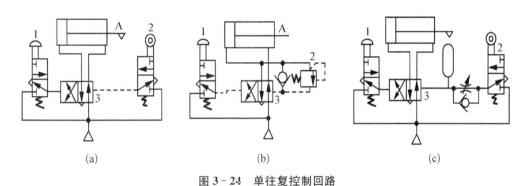

(a)　　　　　　　　(b)　　　　　　　　(c)

**图3-24　单往复控制回路**

图3-24(a)为行程阀控制的单往复动作回路,当按下阀1的手动按钮后,压缩空气使阀3换向,活塞杆前进,当凸块压下行程阀2时,阀3复位,活塞杆返回,完成气缸伸出缩回的循环。

图3-24(b)为压力控制的单往复动作回路,按下阀1的手动按钮后,阀3阀芯右移,气缸无杆缸进气,活塞杆前进,当活塞行程到达终点时,气压升高,打开顺序阀2,使阀3换向,气缸返回,完成气缸伸出缩回的循环。

图3-24(c)是利用阻容回路行程的时间控制单往复动作回路,当按下阀1的按钮后,阀3换向,气缸活塞杆伸出,当压下行程阀2后,需经过一定的时间后,阀3才能换向,再使气缸活塞杆返回完成动作伸出缩回的循环。由以上可知,在单缸往复回路中,每按动一次按钮,气缸可完成一个伸出缩回的循环。

如图3-25所示的回路是一个连续往复动作回路,能完成连续的动作循环。当按下阀1的按钮后,阀4换向,活塞向前运动,这时由于阀3复位将气路封闭,使阀4不能复位,活塞继续前进,到行程终点压下行程阀2,使阀4控制气路排气,在弹簧作用下阀4复位,气缸活塞杆返回,在终点压下阀3,阀4换向,活塞再次前进,形成了伸出缩回的连续往复动作。当提起阀1的按钮后,阀4复位,活塞返回而停止动作。

（二）多缸往复动作回路

两只、三只或多只气缸按一定顺序动作的回路,称为多缸顺序动作回路,其应用较广泛。

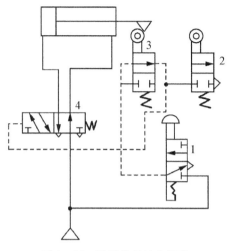

图 3-25　连续往复动作回路

在一个循环顺序里,若气缸只作一次往复,称之为单往复顺序,若某些气缸作多次往复,就称为多往复顺序。若用 A、B、C、…表示气缸,仍用下标1、0 表示活塞的伸出和缩回,则两只气缸的基本顺序动作有 $A_1B_0A_0B_1$、$A_1B_1B_0A_0$ 和 $A_1A_0B_1B_0$ 三种。而若三只气缸的基本动作,就有十五种之多。这些顺序动作回路,都属于单往复顺序,即在每一个程序里,气缸只做一次往复,多往复顺序动作回路的顺序的形成方式将比单往复顺序多得多。

## 动手做——气动回路搭建及仿真

学习搭建常用的气动回路,先用 FluidSIM 软件或宇龙机电控制仿真软件进行仿真,运行合格后,再在实训台上搭建气动回路。

1. 电控二位三通阀控制单作用气缸换向回路

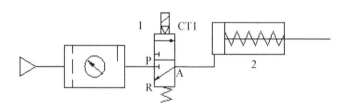

图 3-26　电控二位三通阀控制单作用气缸换向回路

实验步骤:

（1）采用 FluidSIM 软件或宇龙机电控制仿真软件对图 3-26 的气动回路进行仿真。

（2）根据系统回路图 3-26,把所需的气动元件有布局地卡在铝型台面上,再用气管将它们连接在一起,组成回路。

（3）仔细检查后,打开气泵的放气阀,压缩空气进入三联件,调节减压阀,使压力为 0.4 MPa 后,由图可知,气缸开始是缩回状态,按下按钮,使单电控二位三通换向阀1的线圈通电,二位三通换向阀1换向,则气缸伸出。松开按钮,使单电控二位三通换向阀1的线圈失电,电磁阀1复位,则气缸退回。

2. 手动控制单气控二位五通阀实现双作用气缸换向回路

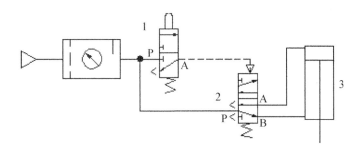

图 3-27　手动单气控二位五通阀双作用气缸换向回路

实验步骤：

（1）采用 FluidSIM 软件或宇龙机电控制仿真软件对图 3-27 的气动回路进行仿真。

（2）根据系统回路图 3-27，把所需的气动元件有布局地卡在铝型台面上，再用气管将它们连接在一起，组成回路。

（3）仔细检查后，打开气泵的放气阀，压缩空气进入三联件，调节减压阀，使压力为 0.4 MPa 后，由图可知，气缸将首先退回，通过手旋旋钮式阀 1，气路到二位五通阀 2 的控制端，使二位五通阀 2 换向，气缸则前进，复位阀 1，气缸则退回。

3. 利用手动阀实现双作用气缸一次往返回路

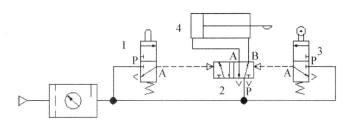

图 3-28　手动阀控制双作用气缸一次往返回路

实验步骤：

（1）采用 FluidSIM 软件或宇龙机电控制仿真软件对图 3-28 的气动回路进行仿真。

（2）根据系统回路图 3-28，把所需的气动元件有布局地卡在铝型台面上，再用气管将它们连接在一起，组成回路。

（3）仔细检查后，打开气泵的放气阀，压缩空气进入三联件，调节减压阀，使压力为 0.4 MPa 后，由系统图可知，气缸将首先退回，通过手旋旋钮式阀 1，使双气控二位五通阀 2 换位，气缸前进，此时必须将手旋阀 1 复位，否则将不能工作，当气缸运动到碰到机械阀 3 后，阀 3 换位，控制气使阀 2 换位，气缸退回到底停止运动，气缸一次往返结束。

## ◇ 任务小结

熟悉了运用 FluidSIM 软件或宇龙机电控制仿真软件进行气动系统设计，并仿真运行,再在实训台上搭建气动回路,掌握常用方向控制回路的设计方法,为工件转运装置控制回路的设计打下基础。

# 任务三　工件转运装置方向控制回路的设计

## ◎ 任务要求

通过学习常用的换向回路控制方式,选择适合工件转运装置控制回路的换向回路,用于搭建工件转运装置气动回路,实现项目中要求的功能。

## ◎ 跟我学——换向回路控制方式

采用三种气动回路控制方式,直接控制方式、间接控制方式和电气控制方式,设计工件转运装置气动回路。

1. 直接控制方式

采用手动换向阀直接控制气缸。这种控制方式简单直观,但是自动化程度不高。

2. 间接控制方式

采用手动换向阀控制气控换向阀,间接控制气缸。这种利用气动控制元件对气动执行元件进行运动控制的回路称为全气动控制回路。一般适用于需耐水、有高防爆、防火要求、不能有电磁噪声干扰的场合以及元件数较少的小型气动系统。

3. 电气控制方式

而在实际气压传动系统中由于回路一般都比较复杂或者系统中除了有气动执行元件外还有电动机、液压缸等其他类型的执行元件,所以大多采用电气控制方式。这样不仅能对不同类型的执行元件进行集中统一控制,也可以较方便地满足比较复杂的控制要求和实现远程控制。

按钮:按钮(见图 3-29)是一种最基本的主令电器,它是通过人力来短时接通或断开电路的电气元件。按触点形式不同它可分为动合按钮、动断按钮和复合按钮。动合按钮在无外力作用时,触点断开;外力作用时,触点闭合。动断按钮无外力作用时,触点闭合;外力作用时,触点断开。复合按钮中既有动合触点,又有动断触点。

电磁继电器:电磁继电器在电气控制系统中起控制、放大、联锁、保护和调节的作用,是实现控制过程自动化的重要元件,其工作原理如图 3-30 所示。电磁继电器的线圈通电后,所产生的电磁吸力克服释放弹簧的反作用力使铁心和衔铁吸合。衔铁带动动触头1,使其和静触头 2 分断,和静触头 4 闭合。线圈断电后,在释放弹簧的作用下,衔铁带动动触头与静触头 4 分断,与静触头 2 再次回复闭合状态。

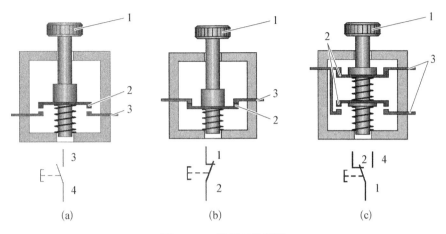

**图 3 - 29　按钮工作原理**

（a）动合按钮　　（b）动断按钮　　（c）复合按钮

1-按钮帽；2-动触头；3-静触头

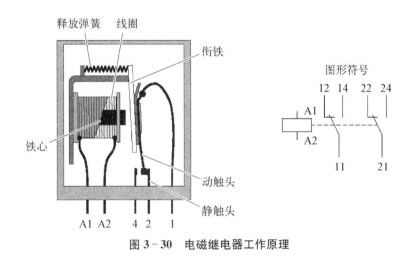

**图 3 - 30　电磁继电器工作原理**

## ◈ 动手做——设计工件转运装置气动回路

### 一、气动回路方案设计

采用三种气动回路控制方式，直接控制方式、间接控制方式和电气控制方式，设计工件转运装置气动回路，先用 FluidSIM 软件仿真，运行合格后，再在实训台上搭建气动回路，从而让转运装置工作起来。

（一）直接控制回路

如图 3 - 31 所示，对于这个课题应根据模块大小，确定气缸活塞行程大小。对于行程较小的，可以采用单作用气缸；行程如果较长，就应采用双作用气缸。

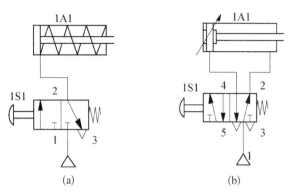

**图 3 - 31 直接控制回路**

(a) 采用单作用气缸　(b) 采用双作用气缸

1. 回路动作设计

在(a)图中：

(1) 当二位三通手动换向阀 1S1 处于右位(常态位)时，气路截断，气源出来的气体不能进入到气动系统中。

(2) 旋动换向阀 1S1 手柄，控制阀芯移动到左位，1→2 气口导通，3 口截止，气体由气源进入到单作用气缸 1A1 的左腔，推动活塞向右移。

(3) 再次旋动换向阀 1S1 复位，控制阀芯移动到右位(常态位)，1 口截止，2→3 气口导通，单作用气缸 1A1 的活塞在弹簧弹力的作用下向左移复位，左腔气体由换向阀 1S1 的 3 口排出。

在(b)图中 1S1 换成了二位五通手动换向阀：

(1) 当旋动换向阀 1S1 手柄时，换向阀 1S1 阀芯由右位(常态位)移动到左位，1→4 气口导通，5 口截止，气体由气源进入到双作用气缸 1A1 的左腔，推动活塞向右移，2→3 气口导通，右腔气体由换向阀 1S1 的 3 口排出。

(2) 再次旋动换向阀 1S1 手柄，1S1 阀芯复位，气路截止，换向阀 1S1 阀芯由左位移动到右位(常态位)，1→2 气口导通，3 口截止，气体由气源进入到双作用气缸 1A1 的右腔，推动活塞向左移，4→5 气口导通，左腔气体由换向阀 1S1 的 5 口排出。

2. 方案实施

(1) 在 FluidSIM 软件中按照图 3 - 31 所示回路设计，并仿真运行。

(2) 在气动实训台上按照图 3 - 31 所示回路进行连接并检查。

(3) 连接无误后，打开气源和电源，观察气缸运行情况。

(二) 间接控制回路

本课题也可以采用气控阀进行间接控制的方法实现，如图 3 - 32 所示。

1. 回路动作设计

在(a)图中：

(1) 当二位三通手动换向阀 1S1 处于右位(常态位)时，1 气口截止，气源出来的气体

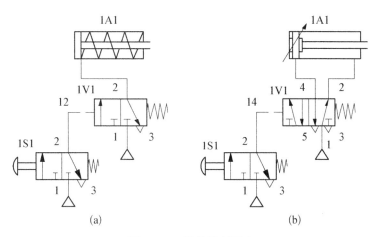

**图 3 - 32　间接控制回路**

(a) 采用单作用气缸　(b) 采用双作用气缸

不能进入到气动系统中。

(2) 旋动换向阀 1S1 手柄,控制阀芯移动到左位,1→2 气口导通,3 口截止,气体由气源进入到二位三通气控换向阀 1V1 的控制口;换向阀 1V1 阀芯由右位(常态位)移动到左位,换向阀 1V1 的 1→2 气口导通,3 口截止,气体由气源进入到单作用气缸 1A1 的左腔,推动活塞向右移。

(3) 再次旋动换向阀 1S1 复位,控制阀芯移动到右位,1 口截止,2→3 气口导通排气;没有气体进入到气控换向阀 1V1 的控制口,换向阀 1V1 阀芯由左位移动到右位(常态位),1 口截止,2→3 气口导通排气,单作用气缸 1A1 的活塞在弹簧弹力的作用下向右移复位。

在(b)图中,1V1 换成了二位五通气控换向阀:

(1) 当旋动换向阀 1S1 手柄时,气体由气源进入到二位五通气控换向阀 1V1 的控制口,换向阀 1V1 阀芯由右位(常态位)移动到左位,1→4 气口导通,5 口截止,气体由气源进入到双作用气缸 1A1 的左腔,推动活塞向右移,2→3 气口导通,右腔气体由换向阀 1V1 的 3 口排出。

(2) 再次旋动换向阀 1S1 复位,1 口截止,没有气体进入到气控换向阀 1V1 的控制口;换向阀 1V1 阀芯由左位移动到右位(常态位),1→2 气口导通,3 口截止,气体由气源进入到双作用气缸 1A1 的右腔,推动活塞向右移,4→5 气口导通,左腔气体由换向阀 1V1 的 5 口排出。

2. 方案实施

(1) 在 FluidSIM 软件中按照图 3 - 32 所示回路设计,并仿真运行。

(2) 在气动实训台上按照图 3 - 32 所示回路进行连接并检查。

(3) 连接无误后,打开气源和电源,观察气缸运行情况。

（三）电气控制回路

在这个课题中，如果采用双作用气缸，可以得到如图 3-33 所示的电气控制回路图。

1. 回路动作设计

方案 1 回路动作设计：

（1）按下常开按钮 S1，二位五通电磁阀 1V1 的电磁线圈 1Y1 得电，换向阀 1V1 阀芯由右位（常态位）移动到左位，1→4 气口导通，5 口截止，气体由气源进入到双作用气缸 1A1 的左腔，推动活塞向右移，2→3 气口导通，右腔气体由换向阀 1V1 的 3 口排出。

（2）松开常开按钮 S1，二位五通电磁阀 1V1 的电磁线圈 1Y1 失电，换向阀 1V1 阀芯回复到右位（常态位），1→2 气口导通，3 口截止，气体由气源进入到双作用气缸 1A1 的右腔，推动活塞向右移，4→5 气口导通，左腔气体由换向阀 1V1 的 5 口排出。

注意，在 FluidSIM 软件中仿真操作时气动回路和电气回路是分开绘制的，换向阀的电磁线圈用同一个符号 1Y1 标识。

此方案采用按钮 S1 直接控制二位五通电磁换向阀 1V1 的电磁线圈通断电，回路简单，但只能实现气缸的点动，按钮按下，气缸伸出；按钮松开，气缸缩回，不能使气缸持续保持伸出状态。

方案 2 回路动作设计：

（1）按下常开按钮 S1，电磁继电器 K1 的电磁线圈 K1 得电，从而使继电器 K1 的常开触点 K1 闭合，电磁阀线圈 1Y1 得电，形成自锁回路，此时松开按钮 S1，电磁阀线圈 1Y1 仍然通电。

（2）如果需要断开回路，需要加停止按钮。

这种方法采用常开按钮 S1 控制电磁继电器 K1 的电磁线圈通断电，继电器 K1 的常开触点控制电磁阀线圈通断电，回路比较复杂，但由于继电器提供多对触点，使回路具有良好的可扩展性。采用单作用气缸时的电气控制回路图与此基本相同。

2. 方案实施

（1）在 FluidSIM 软件中按照图 3-33 所示回路设计，并仿真运行。

（2）在气动实训台上按照图 3-33 所示回路进行连接并检查。

（3）连接无误后，打开气源和电源，观察气缸运行情况。

（4）根据实验现象对直接控制、间接控制和电气控制方式三种实现方式进行比较。在实际工作中，需要根据不同的工作环境和要求，选择合适的控制方式。

（5）对实验中出现的问题进行分析和解决。

（6）实验完成后，将各元件整理后放回原位。

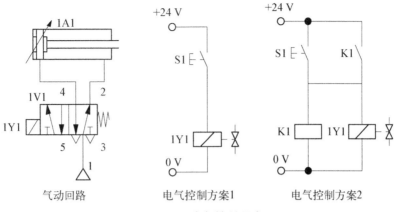

气动回路　　　　　　电气控制方案1　　　　电气控制方案2

图 3-33　电气控制回路

## 任务小结

本任务采用直接控制、间接控制和电气控制方式三种实现方式搭建工件转运装置,比较三种方式控制气动系统的优缺点,熟悉了运用 FluidSIM 软件进行气动系统设计,并仿真运行,掌握方向控制回路的设计方法。

## 项目小结

通过本项目的学习,初步掌握了气动换向回路的基本组成,各种换向控制阀的结构和工作原理。在学习过程中,对于每个学习任务首先要理解任务的要求(或动作过程),再根据需要完成的任务来针对性地学习各类阀的结构和工作原理,理解纯气控方式和电气控制方式的优缺点,掌握各类常见气控回路中的传感器使用方法,按照操作步骤完成气控回路的设计。

## 实践练习

表 3-4　任务实施工作任务单

| 姓名 | | 班级 | | 组别 | | 日期 | |
|---|---|---|---|---|---|---|---|
| 任务名称 | 工件转运装置的控制系统设计与应用 | | | | | | |
| 工作任务 | 根据工作要求设计工件转运装置控制系统 | | | | | | |
| 任务描述 | 在实训室设计并组建一个工件转运装置控制系统,说明所选用的各个气动元件的作用和原理,并能对组建好的控制系统进行综合分析 | | | | | | |
| 任务要求 | 掌握危险化学物品的安全使用与存放 | | | | | | |
| | 正确选用气动元件 | | | | | | |
| | 工件转运装置控制系统的设计与组建 | | | | | | |

（续表）

| 提交成果 | 气动元件清单 | | | | |
|---|---|---|---|---|---|
| | 组建好的气源装置 | | | | |
| 考核评价 | 序号 | 考核内容 | 配分 | 评分标准 | 得分 |
| | 1 | 安全意识 | 20 | 遵守规章、制度 | |
| | 2 | 工具的正确使用 | 10 | 选择合适工具，正确使用工具 | |
| | 3 | 气动元件的正确选用 | 10 | 元件选择正确 | |
| | 4 | 工件转运装置控制系统的设计与组建 | 50 | 系统正确，能满足工作要求 | |
| | 5 | 团队协作 | 10 | 与他人合作有效 | |
| 指导教师 | | | | 总　　分 | |

采用 FluidSIM - P 软件绘制以下气动回路图（见图 3 - 34）并仿真。

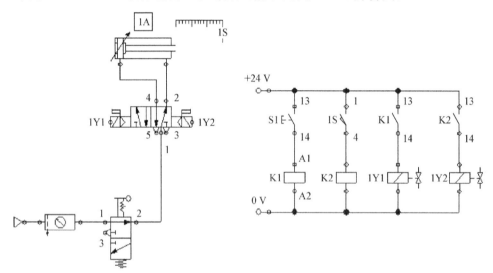

**图 3 - 34　气动仿真回路**

**拓展项目：双缸动作回路**

实验回路图如图 3 - 35 所示：

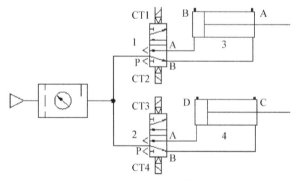

**图 3 - 35　气动回路**

动作要求：

3 进→4 进→4 退→3 退

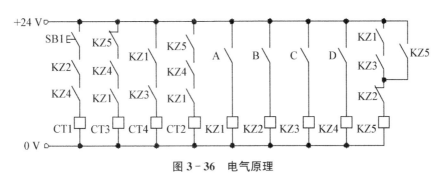

图 3-36　电气原理

实验操作过程：

（1）根据回路图，选择所需的气动元件，将它们有布局地卡在铝型材上，再用气管将它们连接在一起，组成回路。

（2）按图 3-36，将电气连线接好，将 KT1 的时间设到最小。

（3）仔细检查后，打开气泵的放气阀，压缩空气进入三联件，调节减压阀，使压力为 0.4 MPa 后，由系统图可知，两只气缸首先将被压回气缸初始位置，然后按下 SB1 按钮，此时 CT1 得电，双电控二位五阀1换位，气缸3前进，当磁性开关 A 发讯后，CT3 得电，双电控二位五通阀2换位，气缸4前进，当磁性开关 C 发讯后，CT4 得电，双电控二位五通阀2又换位，气缸4后退，当磁性开关 D 发讯后，CT2 得电，双电控二位五通阀1又换位，气缸3后退，到头后，系统停止。当需要再次启动时，只需再次按下 SB1 按钮即可。

思考题：此系统用 PLC 可以实现多种控制要求吗？如何编程？

# 课 后 习 题

## 1. 填空题

（1）根据用途和工作特点的不同，控制阀主要分为三大类 _____、_____、_____。

（2）方向控制阀用于控制气压系统中气流的 _____ 和 _____。

（3）换向阀实现气压执行元件及其驱动机构的 _____、_____ 或变换运动方向。

（4）换向阀处于常态位置时，其各气口的 _____ 称为滑阀机能。常用的有 _____ 形、_____ 形、_____ 形和 _____ 形等。

（5）单向阀的作用是使气流只能向 _____ 流动。

（6）_____ 是利用阀芯和阀体的相对运动来变换气流流动的方向、接通或关闭气路。

（7）方向控制回路是指在气压系统中，起控制执行元件的 _____、_____ 及换向作用的气压基本回路;它包括_____回路和_____回路。

**2. 选择题**

(1) 对三位换向阀的中位机能,缸闭锁、泵不卸载的是(　　);缸闭锁、泵卸载的是(　　);缸浮动,泵卸载的是(　　);缸浮动,泵不卸载的是(　　);可实现气缸差动回路的是(　　)。

A. O 形　　　　　B. H 形　　　　　C. Y 形

D. M 形　　　　　E. P 形

(2) 气控单向阀的闭锁回路比用滑阀机能为中间封闭或 PO 连接的换向阀闭锁回路的锁紧效果好,其原因是(　　)。

A. 气控单向阀结构简单

B. 气控单向阀具有良好的密封性

C. 换向阀闭锁回路结构复杂

D. 气控单向阀闭锁回路锁紧时,气压泵可以卸荷

(3) 用于立式系统中的换向阀的中位机能为(　　)形。

A. C　　　　　B. P　　　　　C. Y　　　　　D.M

(4) 气压方向控制阀中,除了单向阀外,还有(　　)。

A. 溢流阀　　　　B. 节流阀　　　　C. 换向阀　　　　D. 顺序阀

**3. 判断题**

(1) 单向阀作为背压阀用时,应将其弹簧更换成软弹簧。　　　　　　　　(　　)

(2) 手动换向阀是用手动杆操纵阀芯换位的换向阀,分弹簧自动复位和弹簧钢珠定位两种。　　　　　　　　　　　　　　　　　　　　　　　　　　　　　(　　)

(3) 电磁换向阀只适用于流量不太大的场合。　　　　　　　　　　　　(　　)

(4) 气控单向阀控制气口不通压力气时,其作用与单向阀相同。　　　　(　　)

(5) 三位五通阀有三个工作位置,五个气口。　　　　　　　　　　　　(　　)

(6) 三位换向阀的阀芯未受操纵时,其所处位置上各气口的连通方式就是它的滑阀机能。　　　　　　　　　　　　　　　　　　　　　　　　　　　　　　(　　)

**4. 问答题**

(1) 换向阀在气压系统中起什么作用? 通常有哪些类型?

(2) 什么是换向阀的"位"与"通"?

(3) 什么是换向阀的"滑阀机能"?

(4) 单向阀能否作为背压阀使用?

**5. 绘出下列各阀的图形符号**

(1) 单向阀。

(2) 二位二通常断型电磁换向阀。

(3) 三位四通弹簧复位 H 形电磁换向阀。

项目四　家具测试装置压力控制回路设计

课题说明：如图 4-1 所示，家具测试装置中的一种椅座椅背联合测试机装置示意图。按国标 GB10357.3-89 规定，家具椅座、靠背耐久性及静荷试验，包括：

（1）座面静荷试验；

（2）椅背静荷试验；

（3）座面椅背联合耐久性试验。

其中，椅座椅背联合测试机测试方法为以一定形状、重量的加载模块对水平放置的座椅的座面及背面以一定的力值、频率进行重复加载，测试椅凳的强度、耐久功能。用气缸通过加载垫，以规定的力对座面和椅背的规定加载位施力加载，对静荷试验加力十次，每次 10 秒，对联合耐久性试验要反复加载到规定次数，加载速率为每分钟不超过 40 次，联合试验时，座面加载气缸压下，椅背加载一次，退回，座面加载缸退回，此为一个循环。

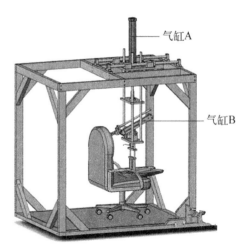

图 4-1　椅座椅背联合测试机

按试验规范测试要求，自行设计试验机的模拟气动系统（动作、功能符合试验规范），确定气动系统后，选元件，接气管组成模拟气动装置。按测试要求，完成 PLC 编程，进行试验机动作调试。

稳定的工作压力是保证系统工作平稳的先决条件，同时，如果气动系统一旦过载，若

无有效的卸荷措施,将会使传动系统中的空压机处于过载状态,很容易发生损坏。气动系统必须能有效地控制系统压力,可以采用压力控制阀解决上述问题。

要控制测试椅座和椅背的强度,就要控制相对应的两个气缸的夹紧力,要求输入端的气体压力能够随输出端的压力降低而自动减小,实现这一功能的气动元件就是减压阀。

此外,系统还要求气缸 B 必须在气缸 A 夹紧力达到规定值时才能动作,即动作前需要通过检测 A 缸的压力,把 A 缸的压力作为控制 B 缸动作的信号,这在气动系统中可以使用顺序阀通过压力信号来接通和断开气动回路从而达到控制执行元件动作的目的。为实现这一要求,需设计压力控制回路。

**知识目标**

1. 通过学习使学生了解压力控制阀的结构。
2. 熟悉各种压力控制阀的工作原理。
3. 掌握各种压力控制阀在气压系统中的应用。

**技能目标**

1. 初步识别各种压力控制阀的符号。
2. 各种类型压力气压阀的适用场合。

# 任务一　认识压力控制阀

## 任务要求

通过认识各种不同类型的压力控制阀,选择适合家具测试装置控制回路的压力控制阀,用于搭建家具测试装置气动回路,实现项目里要求的功能。

## 跟我学——压力控制阀的种类及工作原理

压力控制阀是控制气压系统压力或利用压力的变化来实现某种动作的阀,简称压力阀。常用的压力阀有减压阀、顺序阀和安全阀,按调压方式可分为直动式和先导式。它们的共同特点是利用作用于阀芯上的气体压力和弹簧力相平衡的原理进行工作。压力控制图形符号如图 4-2 所示。

在气压传动中,一般都是由空气压缩机将空气压缩后贮存于贮气罐中,然后经管道输送给各传动装置使用,贮气罐提供的空气压力高于每台装置所需的压力,且压力波动也较

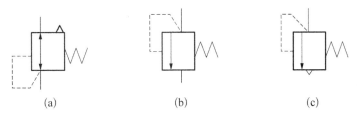

**图 4 - 2　压力控制(直动型)图形符号**

(a)调压阀(减压阀)　(b)顺序阀　(c)安全阀(溢流阀)

大。因此必须在每台装置入口处设置一个减压阀(在气动系统中也称为调压阀),以将入口处的空气降低到所需的压力,并保持该压力值的稳定。

当气动装置中不便安装行程阀,而要依据气压的大小来控制两个以上的气动执行机构的顺序动作时,就要用到顺序阀。

当管路中的压力超过允许压力时,为了保证系统的工作安全,往往用安全阀来实现自动排气,使系统的压力下降,如贮气罐必须安装安全阀。

### 一、减压阀

减压阀利用气流流过隙缝产生压降的原理,将输出压力调节在比输入压力低的调定值上,并保持稳定不变。

减压阀又可分为定压减压阀、定比减压阀和定差减压阀三种。其中定压减压阀应用最广,简称为减压阀。减压阀也分为直动式和先导式两种。

1. 直动式减压阀的结构和工作原理

直动式减压阀的结构如图 4 - 3(a)所示,进气口的节流作用减压,靠膜片上的力平衡作用和溢流孔的溢流作用稳定出口的气压。如图 4 - 3(b)所示,输出口的气体经过反馈

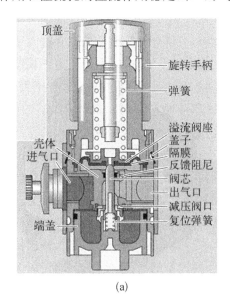

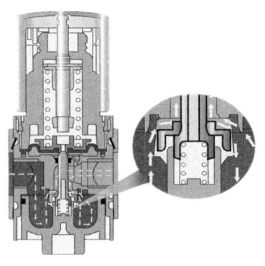

(a)　　　　　　　　　　　　　　　　　(b)

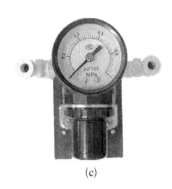
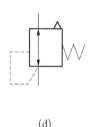

(c)　　　　　　　　　　　　　　　　　　(d)

**图 4 - 3　直动式减压阀**

(a)结构图　(b)增压　(c)减压阀实物　(d)图形符号

阻尼孔进入膜片下腔,在膜片上形成向上的反馈力与弹簧力平衡。当减压阀输出负载发生变化,如进气口压力增高(图上用深色表示这部分气体压力值升高),反馈力大于手柄弹簧时,膜片上移,阀杆在复位弹簧作用下也下移,减少了减压阀阀口,使出口压力减小,直到形成新的平衡,出口压力稳定在一个值上。实物如图 4 - 3(c)所示。

### 2. 先导式减压阀

当气动系统对压力要求较高,需要进行精确调压时,直动式减压阀就不能满足要求了。此时,可以采用先导式减压阀,它由先导阀和主阀两部分组成。先导式减压阀的工作原理和主阀结构与直动式减压阀基本相同,先导式减压阀所采用的调压空气是由小型直动式减压阀供给的。若把小型直动式减压阀装在主阀的内部,则称为内部先导式减压阀;若把小型直动式减压阀装在主阀的外部,则称为外部先导式减压阀。

图 4 - 4 所示为内部先导式减压阀的结构原理图。当压缩空气从进气口流入阀体后,气流的一部分经阀口流向输出口,一部分经固定节流口 9 进入中气室 B,经喷嘴 4、挡板 3、上气室 A、右侧孔道 5 反馈至下气室 C,再经阀芯 6 中心孔及排气孔 7 排至大气。因下气室 C 与出口连通,其压力与减压阀出口压力一致。把手柄旋转到一定位置,使喷嘴挡板的距离在工作范围内,减压阀就进入工作状态。中气室 B 的压力随喷嘴与挡板间的距离减少而增大,此压力在膜片上产生的作用力相当于直动式减压阀的弹簧力。调节手柄控制喷嘴与挡板间的距离,即能实现减压阀在规定范围内工作。当输入压力瞬时升高时,输出压力也升高,破坏了膜片原有的平衡,使阀芯 6 上移,节流阀口减小,节流作用增强,输出压力下降,膜片两端作

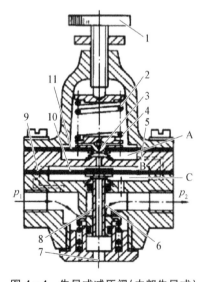

**图 4 - 4　先导式减压阀(内部先导式)**

A-上气室;B-中气室;C-下气室;1-旋钮;2-调压弹簧;3-挡板;4-喷嘴;5-孔道;6-阀芯;7-排气口;8-进气阀口;9-固定节流口;10、11-膜片

用力重新平衡,输出压力恢复到原有的调定值。当输出压力瞬时下降时,经喷嘴挡板的放大会引起中气室 B 的压力明显升高,而使阀芯下移,阀口开大,输出压力上升,并且稳定在原有的调定值上。因此,当喷嘴 4 与挡板 3 之间的距离有微小变化时,都会使气室 B 中的压力发生明显变化,从而使膜片 10 产生较大的位移,并控制阀芯 6,使之上下移动并使进气阀 8 开大或关小。先导式减压阀提高了阀芯的灵敏度,使输出压力的波动减小,稳压精度比直动式减压阀高。

3. 减压阀的选用

为使气动控制系统能正常工作,选用减压阀时应考虑下述一些问题:

(1) 根据所要求的工作压力、调压范围、最大流量和调压精度来选择减压阀。对调压精度要求高时应选用先导式精密减压阀;对调压精度无特殊要求的系统可选择直动式减压阀。然后根据气源压力确定减压阀的额定输入压力,减压阀的最低输入压力应大于最高输出压力 0.1 MPa。再根据减压阀所在气动回路的最大流量要求确定减压阀的通径规格。

(2) 在易燃、易爆等人不宜接近的场合,应选用外部先导式减压阀。但遥控距离不宜超过 30 m。

(3) 减压阀一般都用管式连接,特殊需要也可用板式连接。减压阀常与过滤器、油雾器联用,要按照气动系统压缩空气流动的方向,按过滤器-减压阀-油雾器的顺序依次进行安装,不得颠倒顺序。否则,气动元件将不能实现正常的功能。同时要注意气动元件上表示气流方向的箭头,不要装反。可采用气动二联件或三联件,以节省空间。在减压阀压力调节时,应由低向高调,直到规定的压力值为止。

(4) 根据机械设备的安装要求选择减压阀的安装形式。为了操作方便,减压阀一般都是垂直安装,手柄朝上。并且阀体箭头指向接管,不能将方向装错。安装前要做好清洁工作。

(5) 减压阀在储存和长期不使用时,应旋松手柄,以免阀内膜片因长期受力而变形。在正常使用的气动系统中,不允许放松手柄。

## 二、顺序阀

1. 顺序阀的结构和原理

顺序阀是利用气路中压力作为控制信号实现气路的通断,以控制执行元件顺序动作的压力阀。顺序阀通常安装在需要某一特定压力场合,以便完成某一操作。只有达到需要的操作压力后,顺序阀才导通输出,内部结构如图 4-5(a)所示。顺序阀相当于一个控制开关,依靠弹簧的预压量来控制其开启压力,当控制口 12 上的压力信号达到设定值时如图 4-5(b)所示,压力顺序阀动作,进气口 1 与工作口 2 接通,如果撤销控制口 12 上的压力信号,则压力顺序阀在弹簧作用下复位,进气口 1 被关闭。

2. 单向顺序阀

顺序阀很少单独使用,往往与单向阀组合在一起使用,成为单向顺序阀。如图

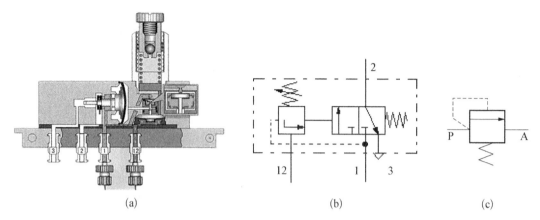

**图 4-5　顺序阀的工作原理和图形符号**

(a) 未驱动　(b) 工作原理　(c) 图形符号

4-6(a)所示为单向顺序阀的结构图。调节手轮可改变单向顺序阀的开启压力。单向顺序阀常用于控制气缸自动顺序动作或不便于安装机械控制阀的场合。

其工作原理如图 4-6(b)所示,当压缩空气进入腔 4 后,作用在活塞 3 上的力小于弹簧 2 的力时,阀处于关闭状态。当作用在活塞上的力大于弹簧力时,将活塞顶起,压缩空气从 P 经工作腔 4、5 到 A,然后进入气缸或气控换向阀。此时,单向阀 6 在弹簧 7 和工作腔 4 内气压作用下处于关闭状态。当切换气源时,如图 4-6(c)所示,由于工作腔 4 内压力迅速下降,顺序阀关闭,此时工作腔 5 内压力高于工作腔 4 内压力,在气体压差作用下,打开单向阀,反向的压缩空气从 A 到 O 排气。

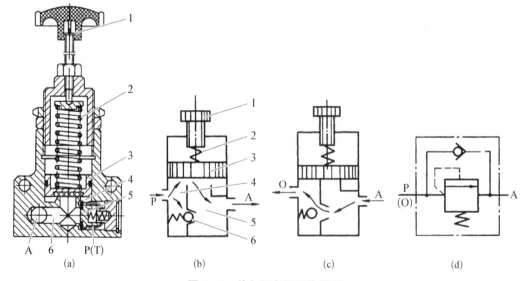

**图 4-6　单向顺序阀工作原理**

(a) 单向顺序阀结构　1-调节手轮;2-弹簧;3-活塞;4,6-工作腔;5-单向阀
(b) 关闭状态　1-旋钮;2,7-弹簧;3-活塞;4,5-工作腔;6-单向阀
(c) 开启状态　(d) 图形符号

### 三、安全阀

当贮气罐或回路中压力超过某调定值时,要用安全阀向外排气、泄压。安全阀在系统中起过压保护作用。安全阀与减压阀类似,以控制方式分,有直动式和先导式两种;从结构上分,有活塞式与膜片式两种。直动式安全阀的结构如图4-7(a)所示。

其工作原理如图4-7(b)所示。当系统中气体压力在调定范围时,作用在活塞上的压力小于弹簧力,活塞处于关闭状态。如图4-7(c)所示当系统压力P升高,作用在活塞上的压力大于弹簧的预压力时,活塞向上移动,阀门O开启排气。直到系统压力降至调定范围以下,活塞又重新关闭。开启压力的大小与弹簧的预压力有关。

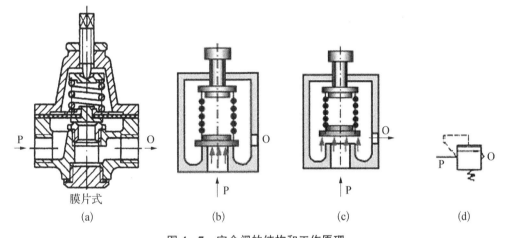

膜片式

(a)　　　　　　(b)　　　　　　(c)　　　　　　(d)

**图4-7　安全阀的结构和工作原理**

(a) 直动式安全阀　(b) 关闭状态　　(c) 开启状态　(d) 图形符号

## 动手做——压力控制阀的选用

压力控制阀的选用主要依据它们在系统中的作用、额定压力、最大流量、工作特性参数和使用寿命等。通常主要按照气动系统的最大压力和通过压力控制阀的流量进行选择。同时,在使用中还需要注意以下几点:

(1) 减压阀的调定压力应根据其工作压力而决定,应保证减压阀的最低调定压力。减压阀的流量规格应由实际通过该阀的最大流量决定,在使用中不宜超过额定流量。同时不要使通过减压阀的流量远小于其额定流量。

(2) 接入控制气路中的压力阀,由于通过的实际流量很小,可按照该阀最小额定流量规格选用,使气动装置结构紧凑。

(3) 根据系统性能要求选择合适的压力阀结构形式,如低压系统可选用直动式压力阀,而中、高压系统应选用先导式压力阀。根据空间位置、管路布置等情况选用板式、管式或叠加式连接的压力阀。

（4）压力阀的各项性能指标对气动系统都有影响,可根据系统的要求按照产品性能曲线选用压力阀。

# 任务二　认识基本的压力控制回路

## ◇ 任务要求

通过认识常用的压力回路,学习如何应用 FluidSIM 软件或宇龙机电控制仿真软件设计压力控制回路,并在实训台上搭建系统进行验证,为设计家具测试装置气动回路打下基础,以实现项目中要求的功能。

## ◇ 跟我学——压力控制回路的种类及工作原理

压力控制回路是利用压力控制阀来控制系统整体或局部压力,以使执行元件获得所需的力或力矩,或者保持受力状态的回路。可分为一次压力控制回路、二次压力控制回路和高低压转换回路。

### 一、一次压力控制回路

图 4-8 为一次压力控制回路。此回路用于控制贮气罐的压力,使之不超过规定的压力值。常用外控溢流阀 1 或用电接点压力表 2 来控制空气压缩机的转、停,使贮气罐内压力保持在规定范围内。采用溢流阀,结构简单,工作可靠,但气量浪费大;采用电接点压力表对电动机及控制要求较高,常用于对小型空压机的控制。

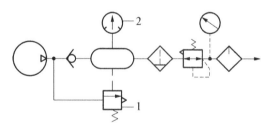

**图 4-8　一次压力控制回路**

1-溢流阀;2-电接点压力表

### 二、二次压力控制回路

二次压力控制回路主要是对气动控制系统的气源压力进行控制,如图 4-9 所示。图 4-9(a)为一种常用的二次压力控制回路,它在一次压力控制回路的出口处串联气动三联件——空气过滤器、减压阀与油雾器组成,输出压力的高低用减压阀来调节。

图 4-9(b)是由减压阀和换向阀构成的对同一系统实现输出高低压力 $p_1$、$p_2$ 的控制。

图 4-9(c)是由减压阀来实现对不同系统输出不同压力 $p_1$、$p_2$ 的控制。

为保证气动系统使用的气体压力为一稳定值,多用空气过滤器、减压阀、气雾器(气动三大件)组成的二次压力控制回路,但要注意,供给逻辑元件的压缩空气不要加入润滑气。

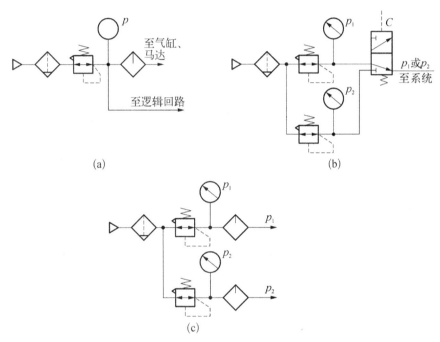

图 4-9　二次压力控制回路

(a) 由减压阀控制压力　(b) 由换向阀控制高低压力　(c) 由减压阀控制高低压力

### 三、多级压力控制回路

如果有些气动设备时而需要高压,时而需要低压,就可采用图 4-10(a)所示的高低压转换回路。其原理是将气源用减压阀 1 和 2 调至两种不同的压力 $p_1$、$p_2$,再由换向阀控制输出气压在高压和低压之间进行转换。图中的换向阀为电磁阀,根据系统的情况,也可以选用其他控制方式的阀。

如果有些气动设备需要提供多种稳定压力。这时需要用到多级压力控制回路。图 4-10(b)为一种采用远程调压阀的多级调压回路。回路中的减压阀 1 的先导压力通过三个二位三通电磁换向阀 2、3、4 的切换来控制,可根据需要设定低、中、高三种先导压力。在进行压力切换时,必须用电磁阀 5 先将先导压力泄压,然后再选择新的先导压力。

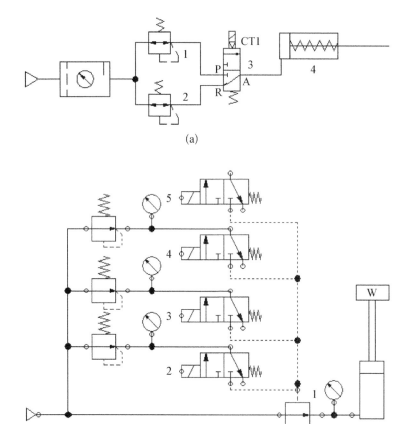

(a)

**图 4 - 10  多级压力控制回路**

(a)高低压转换回路  1、2-减压阀；3-电磁换向阀；4-气缸
(b)多级压力控制回路  1-减压阀；2、3、4、5-电磁换向阀

## 动手做——气动回路搭建及仿真

学习搭建常用的气动回路，先用 FluidSIM 软件或宇龙机电控制仿真软件进行仿真，运行合格后，再在实训台上搭建气动回路。

1. 高低压转换回路

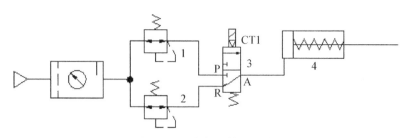

**图 4 - 11  高低压转换回路**

动作要求：气缸 4 的夹紧力可以高低压转换。

采用元件及数量：气泵及三联件 1 套、减压阀 2 只、手旋阀 1 只、单作用气缸 1 只。

实验步骤：

（1）采用 FluidSIM 软件或宇龙机电控制仿真软件对图 4-11 的气动回路进行仿真。

（2）把所需的气动元件有布局地卡在铝型台面上，并用气管将它们连接在一起，组成回路。

（3）仔细检查后，打开气泵的放气阀，压缩空气进入三联件，调节减压阀，使压力为 0.4 MPa 后，当把减压阀 1 和 2 调到不同压力时，通过手旋旋钮式二位三通阀 3 便可使系统得到不同的压力，来满足系统的不同需求。

2. 气缸单向压力回路

动作要求：气缸单向压力控制。

操作过程：实验采用继电器控制方式。

实验步骤：

（1）采用 FluidSIM 软件或宇龙机电控制仿真软件对图 4-12 的气动回路进行仿真。

（2）把所需的气动元件有布局地卡在铝型台面上，并用气管将它们连接在一起，组成回路。电气线路按照图 4-13 连接好。

（3）仔细检查后，打开气泵的放气阀，压缩空气进入三联件，调节减压阀，使压力为 0.4 MPa 后，由图可知，气缸首先将被压回气缸的初始位置，然后按图 4-13 连接好电气线路。

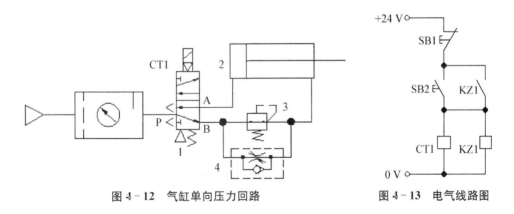

图 4-12　气缸单向压力回路　　　　　图 4-13　电气线路图

按下主面板上的启动按钮，然后，按下 SB2，CT1 得电，压缩空气进入双作用气缸 2 的无杆腔，因为有单向节流阀的存在，双作用气缸前进的速度较快，当按下 SB1 后，气缸退回，此时减压阀起作用，调节减压阀的调节手柄，使压差发生变化，气缸退回的速度将变化。

## ◇ 任务小结

熟练掌握运用 FluidSIM 软件或宇龙机电控制仿真软件进行气动系统设计，并仿真运行，再在实训台上搭建气动回路，掌握常用压力控制回路的设计方法，为家具测试装置控制回路的设计打下基础。

# 任务三　家具测试装置压力控制回路的设计

## 任务要求

通过认识常用的压力回路的控制方式,选择适合家具测试装置控制回路的控制方式,用于搭建家具测试装置气动回路,实现项目中要求的功能。

## 跟我学——压力控制回路的控制方式

家具测试装置一般采用自动控制方式,电气控制回路中常用传感器和PLC(可编程控制器)控制方式。

### 一、传感器

#### (一) 位置传感器

在采用行程程序控制的气动控制回路中,执行元件的每一步动作完成时都有相应的发信元件发出完成信号。下一步动作都应由前一步动作的完成信号来启动。这种在气动系统中的行程发信元件一般为位置传感器,包括行程阀、行程开关、各种接近开关。以气缸作为执行元件的回路为例,气缸活塞运动到位后,通过安装在气缸活塞杆或气缸缸体相应位置的位置传感器发出的信号启动下一个动作。有时安装位置传感器比较困难或者根本无法进行位置检测时,行程信号也可用时间、压力信号等其他类型的信号来代替。此时所使用的检测元件也不再是位置传感器,而是相应的时间、压力检测元件。

在气动控制回路中最常用的位置传感器就是行程阀;采用电气控制时,最常用的位置传感器是行程开关,它的工作原理和行程阀非常接近。行程阀是利用机械外力使其内部气流换向,行程开关是利用机械外力改变其内部电触点通断情况,是一种常用的小电流主令电器。行程开关的实物如图 4-14 所示。

图形符号

图 4-14　行程开关

利用生产机械运动部件的碰撞使其触头动作来实现接通或分断控制电路,达到一定的控制目的。通常,这类开关被用来限制机械运动的位置或行程,使运动机械按一定位置或行程自动停止、反向运动、变速运动或自动往返运动等。在电气控制系统中,限位开关的作用是实现顺序控制、定位控制和位置状态的检测。用于控制机械设备的行程及限位保护。构造:由操作头、触点系统和外壳组成。

在实际生产中,将限位开关安装在预先安排的位置,当装于生产机械运动部件上的模块撞击行程开关时,限位开关的触点动作,实现电路的切换。因此,行程开关是一种根据运动部件的行程位置而切换电路的电器,它的作用原理与按钮类似。

（二）磁性开关

磁性开关是流体传动系统中所特有的。磁性开关可以直接安装在气缸缸体上,当带有磁环的活塞移动到磁性开关所在位置时,磁性开关内的两个金属簧片在磁环磁场的作用下吸合,发出信号。

当活塞移开,舌簧开关离开磁场,触点自动断开,信号切断。通过这种方式可以很方便地实现对气缸活塞位置的检测。其工作原理如图4-15所示。

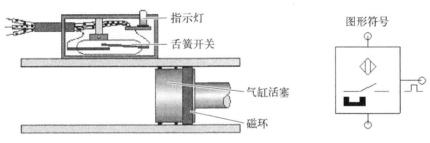

图4-15　磁性开关工作原理

磁性开关利用安装在气缸活塞上的永久磁环来检测气缸活塞的位置,省去了安装其他类型传感器所必须的支架连接件,节省了空间,安装调试也相对简单省时。其实物图和安装方式如图4-16所示。

图4-16　磁性开关的实物和安装位置

## 二、PLC控制方式

可编程逻辑控制器(programmable logic controller,简称PLC),一种具有微处理机的数字电子设备,用于自动化控制的数字逻辑控制器,可以将控制指令随时加载内存内储存与执行。可编程控制器由内部 CPU,指令及资料内存、输入输出单元、电源模组、数字模拟等单元所模组化组合成。

　　PLC 作为一种自动化控制,它实现功能简单、明了,是一门重要的技术,用它来控制气动回路,也是工业上必不可少的知识。

　　以西门子 S7 - 200 为例,CPU 224 集成的 24 V 负载电源:可直接连接到传感器和变送器(执行器),CPU 224 输出 280 mA。可用作负载电源。集成 14 输入/10 输出共 24 个数字量 I/O 点。可连接 7 个扩展模块,最大扩展至 168 路数字量 I/O 点或 35 路模拟量 I/O 点。13 k 字节程序和数据存储空间。6 个独立的 30 kHz 高速计数器,2 路独立的 20 kHz 高速脉冲输出,具有 PID 控制器。1 个 RS485 通讯/编程口,具有 PPI 通讯协议、MPI 通讯协议和自由方式通讯能力。I/O 端子排可很容易地整体拆卸,是具有较强控制能力的控制器。

　　气动实训台上的 PLC 为西门子的 CPU224 和三菱的 FX2N,西门子 PLC 的实物图如图 4 - 15(a)所示,外部接线方法如图 4 - 15(c)所示。三菱 PLC 的实物图如图 4 - 15(b)所示,外部接线方法如图 4 - 15(d)所示。

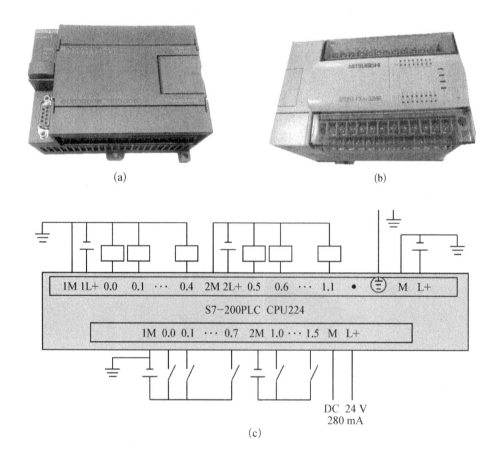

(a)　　　　　　　　　　　　　　　　　　(b)

(c)

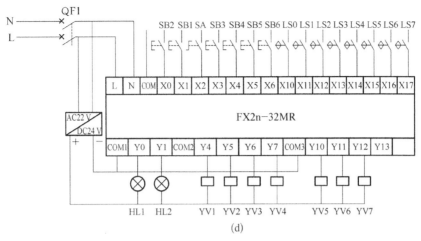

图 4-17 PLC 实物和接线

(a) 西门子 PLC 实物图  (b) 三菱 PLC 实物图  (c) 西门子 PLC 接线图  (d) 三菱 PLC 外部接线图

## 动手做——设计家具测试装置气动回路

### 一、气动回路方案设计

采用两种气动回路控制方式,手动控制方式和电气控制方式,设计家具测试装置气动回路,先用 FluidSIM 软件仿真,运行合格后,再在实训台上搭建气动回路,从而让家具测试装置工作起来。

1. 手动控制回路

如图 4-18 所示,对于这个课题应根据需要测试的椅子大小,确定气缸活塞行程大小。对于行程较小的,可以采用单作用气缸;行程如果较长,就应采用双作用气缸。

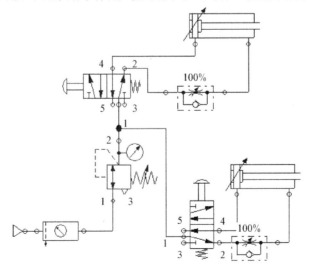

图 4-18 手动控制回路

**2. 电气控制回路**

西门子 PLC 外部接线图如图 4-19(a)所示,三菱 PLC 外部接线图如图 4-19(b)所示,气动回路图如图 4-20 所示:

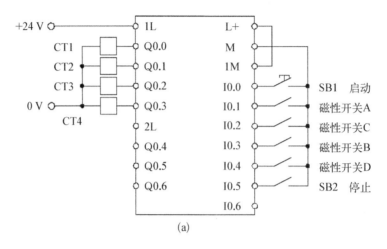

(a)

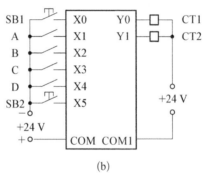

(b)

**图 4-19　PLC 外部接线**

（a）西门子 PLC 外部接线图　（b）三菱 PLC 外部接线图

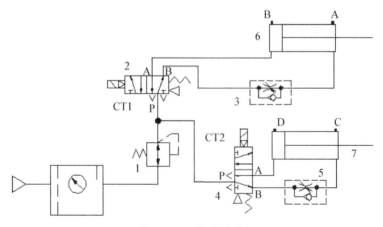

**图 4-20　气动回路**

PLC 操作方法：

按下主面板上的启动按钮，用下载电缆把计算机和 PLC 连接在一起，将 PLC 状态开关拨向"STOP"端，然后再开启 PLC 电源开关，把 PLC 程序下载到 PLC 主机里。

## 二、方案实施

（1）按照图 4-18、图 4-19 和图 4-20 所示回路进行连接并检查。根据系统回路图，把所需的气动元件有布局地卡在铝型台面上，再用气管将它们连接在一起，组成回路。

（2）连接无误后，打开气源和电源，观察气缸运行情况。压缩空气进入三联件，调节减压阀，使压力为 0.4 MPa 后。

（3）根据实验现象对手动控制和电气控制两种实现方式进行比较。用 PLC 控制时按下 SB1 后，气缸便按程序顺序工作，当到了计数值后，自动停止，中途按下 CB2，气缸复位后，停止。

（4）对实验中出现的问题进行分析和解决。

（5）实验完成后，将各元件整理后放回原位。

## 任务小结

本任务采用手动控制和电气控制两种实现方式搭建家具测试装置，比较两种方式控制气动系统的优缺点，熟悉了运用 FluidSIM 软件或宇龙机电控制仿真软件进行气动系统设计，并仿真运行，掌握压力控制回路的设计方法。

通过本项目的学习，初步掌握了气动压力控制回路的基本组成，各种压力控制阀的结构和工作原理。在学习过程中，对于每个学习任务首先要理解任务的要求（或动作过程），再根据需要完成的任务来针对性地学习各类阀的结构和工作原理，理解手动控制方式和 PLC 电气控制方式的优缺点，按照操作步骤完成气控回路的设计。

表 4-1　任务实施工作任务单

| 姓名 | | 班级 | | 组别 | | 日期 | |
|---|---|---|---|---|---|---|---|
| 任务名称 | 家具测试装置控制系统设计与应用 | | | | | | |
| 工作任务 | 根据工作要求设计家具测试装置控制系统 | | | | | | |
| 任务描述 | 在实训室，根据家具测试装置压力控制的原理，选用合理的压力控制阀，设计家具测试装置压力控制回路，安装、连接好回路并调试完成系统功能 | | | | | | |

（续表）

| 任务要求 | 1. 正确使用相关工具,分析设计出气动回路图 | | | | |
|---|---|---|---|---|---|
| | 2. 正确选用和连接元器件,调试运行气动系统,完成系统功能 | | | | |
| | 3. 调节压力阀,观察压力变化和工作状况 | | | | |
| 提交成果 | 1. 家具测试装置控制回路图 | | | | |
| | 2. 家具测试装置控制回路的调试分析报告 | | | | |
| 考核评价 | 序号 | 考核内容 | 配分 | 评分标准 | 得分 |
| | 1 | 安全文明操作 | 20 | 遵守安全规章、制度,正确使用工具 | |
| | 2 | 绘制气动系统回路图 | 10 | 图形绘制正确,符号规范 | |
| | 3 | 回路正确连接 | 10 | 元器件连接有序正确 | |
| | 4 | 系统运行调试 | 50 | 系统运行平稳,能满足工作要求 | |
| | 5 | 团队协作 | 10 | 与他人合作有效 | |
| 指导教师 | | | | 总　分 | |

## 课 后 习 题

**1. 填空题**

（1）在气压系统中,控制_____或利用压力的变化来实现某种动作的阀称为压力控制阀。按用途不同,可分_____、_____、_____和压力继电器等。

（2）减压阀主要用来_____气压系统中某一分支气路的压力,使之低于气压泵的供气压力,以满足执行机构的需要,并保持基本恒定。减压阀也有_____式减压阀和_____式减压阀两类,_____式减压阀应用较多。

（3）_____阀是利用系统压力变化来控制气路的通断,以实现各执行元件按先后顺序动作的压力阀。

（4）压力继电器是一种将气的_____信号转换成_____信号的电气控制元件。

**2. 判断题**

（1）安全阀通常接在气压泵出口的气路上,它的进口压力即系统压力。　　（　　）

（2）安全阀用于系统的限压保护、防止过载的场合,在系统正常工作时,该阀处于常闭状态。　　（　　）

（3）压力控制阀的基本特点是利用气压力和弹簧力相平衡的原理来进行工作的。　　（　　）

（4）气压传动系统中常用的压力控制阀是单向阀。　　（　　）

(5) 减压阀的主要作用是使阀的出口压力低于进口压力且保证进口压力稳定。（　　）

**3. 选择题**

(1) 要降低气压系统中某一部分的压力时，一般系统中要配置（　　）。

A. 安全阀　　　　　　B. 减压阀　　　　　　C. 节流阀　　　　　　D. 单向阀

(2) 卸荷回路（　　）。

A. 可节省动力消耗，减少系统发热，延长气泵寿命

B. 可使气压系统获得较低的工作压力

C. 不能用换向阀实现卸荷

D. 只能用滑阀机能为中间开启型的换向阀

(3) 在常态下，安全阀（　　）、减压阀（　　）、顺序阀（　　）。

A. 常开　　　　　　　　B.常闭

(4) 气压传动系统中常用的压力控制阀是（　　）。

A. 换向阀　　　　　　B. 减压阀　　　　　　C. 气控单向阀

(5) 一级或多级调压回路的核心控制元件是（　　）。

A. 安全阀　　　　　　B.减压阀　　　　　　C. 压力继电器　　　　D. 顺序阀

(6) 当减压阀出口压力小于调定值时，（　　）起减压和稳压作用。

A. 仍能　　　　　　　B. 不能　　　　　　　C. 不一定能　　　　　D. 不减压但稳压

**4. 计算与问答题**

(1) 比较安全阀、减压阀、顺序阀的异同点。

(2) 气动系统中常用的压力控制回路有哪些？

(3) 延时回路相当于电气元件中的什么元件？

(4) 如图 4-22 所示回路中，安全阀的调定压力为 5.0 MPa，减压阀的调定压力为 2.5 MPa，试计算下列各压力值并说明减压阀阀口处于什么状态。

① 当泵压力等于安全阀调定压力时，夹紧缸使工件夹紧后，$A$、$C$ 点的压力各为多少？

② 当泵压力由于工作缸快进压力降到 1.5 MPa 时（工件原先处于夹紧状态），$A$、$B$、$C$ 点的压力是多少？

③ 夹紧缸在夹紧工件前作空载运动时，$A$、$B$、$C$ 三点的压力各为多少？

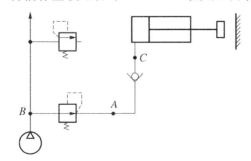

图 4-22

（5）如图 4-23 所示的气压系统，两气压缸的有效面积 $A_1=A_2=100$ cm²，缸 I 负载 $F=35\ 000$ N，缸 II 运动时负载为零。不计摩擦阻力、惯性力和管路损失，安全阀、顺序阀和减压阀的调定压力分别为 4 MPa、3 MPa 和 2 MPa。求在下列三种情况下，$A$、$B$ 和 $C$ 处的压力。

① 气压泵起动后，两换向阀处于中位；

② YA1 通电，气压缸 I 活塞移动时及活塞运动到终点时；

③ YA1 断电，YA2 通电，气压缸 II 活塞运动时及活塞碰到固定挡块时。

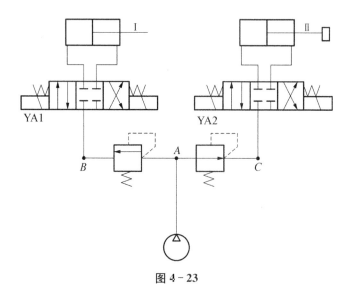

图 4-23

（6）如图 4-24 所示，两个减压阀串联，已知减压阀的调定压力分别为：$p_{J1}=35\times10^5$ Pa，$p_{J2}=20\times10^5$ Pa，安全阀的调定压力为 $p_y=45\times10^5$ Pa；活塞运动时，负载力为 $F=1\ 200$ N，活塞面积为 $A=15$ cm²，减压阀全开时的局部损失及管路损失不计。试确定：活塞在运动时和到达终端位置时，$A$、$B$、$C$ 各点压力为多少？

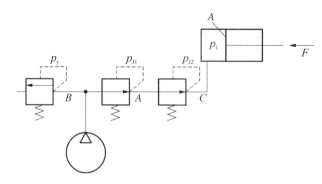

图 4-24

## 项目五　钻床速度控制回路设计

如图 5-1 所示,模拟钻床上的钻孔动作,实现 PLC 对气缸的自动往返控制。按下启动按钮 SB1 后,夹紧气缸前进;夹紧工件后,磁性开关 A 发出信号,钻孔缸前进;钻孔结束后,磁性开关 C 发出信号,钻孔缸 6 退回,钻头退回;钻头复位后,磁性开关 D 发出信号,夹紧缸退回,松开工件。并等待下一个工件的加工。

动作过程如下:

工件夹紧后,钻头下钻,钻好后,钻头退回,松开工件。

电磁铁动作如下:

$CT1^+$ 工件夹紧,当磁性开关 A 发讯后,$CT2^+$ 钻头下钻,当磁性开关 C 发讯后,$CT2^-$ 钻头退回,当磁性开头 D 发讯后,$CT1^-$ 松开工件,等待下一个工件的加工。

为避免活塞运动速度过高产生的冲击对工件和设备造成机械损害,要求气缸活塞运动速度应可以调节。

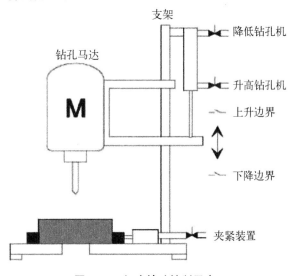

图 5-1　机床钻孔控制示意

气动系统中气缸的速度控制是指对气缸活塞从开始运动到到达其行程终点的平均速度的控制。

在很多气动设备或气动装置中执行元件的运动速度都应是可调节的。气缸工作时,影响其活塞运动速度的因素有工作压力、缸径和气缸所连气路的最小截面积。通过选择小通径的控制阀或安装节流阀可以降低气缸活塞的运动速度。通过增加管路的流通截面或使用大通径的控制阀以及采用快速排气阀等方法都可以在一定程度上提高气缸的活塞运动速度。

其中使用节流阀和快速排气阀都是通过调节进入气缸或气缸排出空气流量来实现速度控制的，这也是气动回路中最常用的速度调节方式。

**知识目标**

1. 通过学习使学生了解流量控制阀的结构。
2. 熟悉各种流量控制阀的工作原理。
3. 掌握各种流量控制阀在气压系统中的应用。

**技能目标**

1. 初步识别各种流量控制阀的符号。
2. 各种类型流量气压阀的适用场合。

# 任务一　认识流量控制阀

## 任务要求

通过认识各种不同类型的流量控制阀，选择适合钻床气动控制回路的流量控制阀，用于搭建钻床气动回路，实现项目中要求的功能。

## 跟我学——流量控制阀的种类及工作原理

流量控制就是在管路中制造局部阻力，通过改变局部阻力的大小来控制流量的大小。用来控制气流量的气压阀，通称为流量控制。气动流量控制阀主要有节流阀，单向节流阀、排气节流阀和快速排气阀等。都是通过改变控制阀的通流面积来实现流量的控制元件。因此，只以节流阀为例介绍其流量阀的工作原理。

### 一、节流阀

节流阀安装在气动回路中，通过调节阀的开度来调节空气流量，其工作原理如图 5-2 所示。图中是节流阀的结构和图形符号，图中的节流口是轴向三角槽式，气从进气口 1 进入,经阀芯上的三角槽节流口后,由出气口 2 流出。转动把手可使阀芯作轴向移动,以改变节流口的通流面积。

可调节流阀开口度可无级调节,并可保持其开口度不变,可调节流阀常用于调节气缸活塞运动速度,可以直接安装在气缸上。

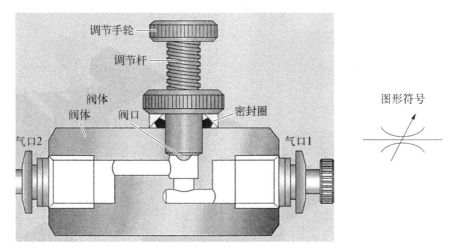

**图 5-2  节流阀的结构与工作原理**

### 二、单向节流阀

单向节流阀是气动系统中最常用的速度控制元件,也常称为速度控制阀。它是由单向阀和节流阀并联而成的,节流阀只是在一个方向上起流量控制作用,相反方向的气流可以通过单向阀自由流通。利用单向节流阀可以实现对执行元件每个方向上的运动速度的单独调节。

如图 5-3 所示,压缩空气从单向节流阀的左腔进入时,单向密封圈被压在阀体上,空气只能从调节螺母调整大小的节流口通过,再由右腔输出,此时单向节流阀对压缩空气起

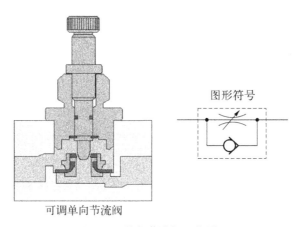

可调单向节流阀

**图 5-3  单向节流阀工作原理**

到调节流量的作用。压缩空气从单向节流阀的右腔进入时,单向密封圈在空气压力的作用下向上翘起,使得气体不必通过节流口,可以直接流至左腔并输出,此时单向节流阀没有节流作用,压缩空气可以自由流动。其实物如图 5-4 所示。

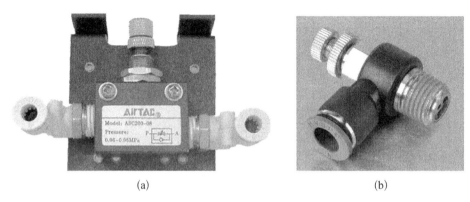

(a)           (b)

图 5-4 单向节流阀实物

(a) 亚德客 AIRTAC 单向节流阀 ASC200-08 (b) 截止阀

### 三、排气节流阀

排气节流阀结构如图 5-5 所示,气流从 A 口进入阀内,由节流口 1 节流后经消声套 2 排出。因而它不仅能调节执行元件的运动速度,还能起到降低排气噪声的作用。

排气节流阀通常安装在换向阀的排气口处与换向阀联用,起单向节流阀的作用。

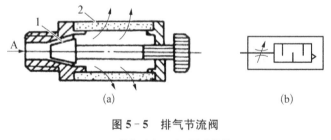

(a)           (b)

图 5-5 排气节流阀

(a) 结构示意 (b) 图形符号

### 四、快速排气阀

快速排气阀简称快排阀,它通过降低气缸排气腔的阻力,将空气迅速排出,达到提高气缸活塞运动速度目的。其结构如图 5-6(a) 所示,工作原理如图 5-6(b) 所示,当系统处于工作状态时,进气口 1 有气压推动膜片封住排气口。当系统需要排气时,进气口 1 处的压力下降或撤销,膜片在系统气压作用下向下移动,排气口打开,系统排气。实物如图 5-6(c) 所示。

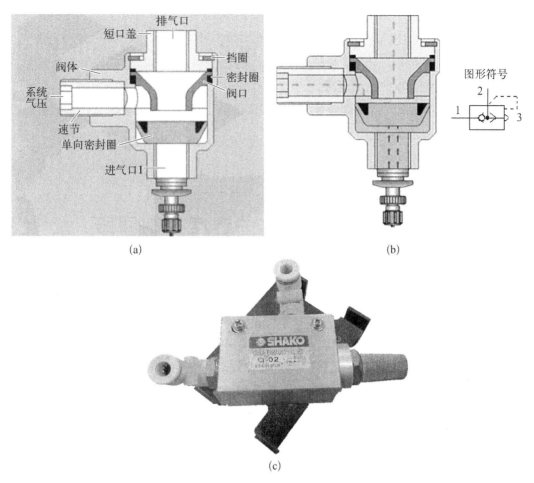

**图 5-6　快速排气阀工作原理及实物**

(a) 结构　(b) 排气示意　(c) SHAKO 快速排气阀 Q-02

气缸的排气一般是经过连接管路,通过主控换向阀的排气口向外排出。管路的长度、通流面积和阀门的通径都会对排气产生影响,从而影响气缸活塞的运动速度。快速排气阀的作用在于当气缸内腔体向外排气时,气体可以通过它的大口径排气口迅速向外排出。这样就可以大大缩短气缸排气行程,减少排气阻力,从而提高活塞运动速度。而当气缸进气时,快速排气阀的密封活塞将排气口封闭,不影响压缩空气进入气缸。实验证明,安装快速排气阀后,气缸活塞的运动速度可以提高 4～5 倍。

## ⬡ 动手做——流量控制阀的选用

根据气动系统的要求选定流量控制阀的类型后,可按照以下几方面对流量控制阀进行选择。

(1) 额定压力。系统工作压力的变化必须在流量阀的额定压力之内。

(2) 最大流量。能满足在一个工作循环中所有的流量范围,通过流量控制阀的流量应小于该阀的额定流量。

（3）流量控制方式。是否有单向流动控制要求等。

（4）流量调节范围。应满足系统要求的最大流量及最小流量，流量控制阀的流量调节范围应大于系统要求的流量范围。

（5）流量控制精度。流量阀能否满足被控制的流量精度。特别要注意在小流量时控制精度是否满足要求。

（6）安装及连接方式，安装空间与尺寸。

# 任务二　认识基本的速度控制回路

## 任务要求

通过认识常用的速度回路，学习如何应用 FluidSIM 软件或宇龙机电控制仿真软件设计速度控制回路，并在实训台上搭建系统进行验证，为设计钻床气动回路打下基础，以实现项目中要求的功能。

## 跟我学——速度控制回路的种类及工作原理

### 一、单作用气缸速度控制回路

图 5-7 为单作用气缸速度控制回路，在图 5-7(a)中，升、降均通过节流阀调速，两个相反安装的单向节流阀，可分别控制活塞杆的伸出及缩回速度。在图 5-7(b)所示的回路中，气缸上升时可调速，下降时则通过快速排气阀排气，使气缸快速返回。

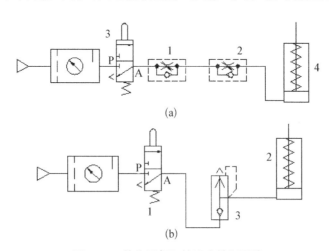

(a)

(b)

图 5-7　单作用气缸的速度控制回路

使用快速排气阀实际上是对经过换向阀正常排气的通路上设置一个旁路,方便气缸排气腔迅速排气。因此,为保证其良好的排气效果,在安装时应将它尽量靠近执行元件的排气侧。在图5-8所示的两个回路中,图(a)中气缸活塞返回时,气缸左腔的空气要通过单向节流阀才能从快速排气阀的排气口排出;在图(b)中,气缸左腔的空气则是直接通过快速排气阀的排气口排出,因此更加合理。

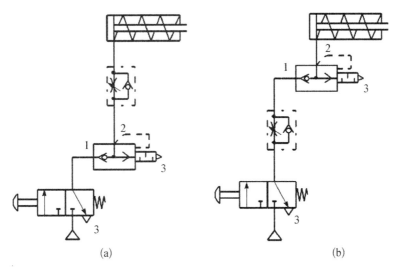

(a)                              (b)

**图5-8  快速排气阀的安装方式**

## 二、双作用气缸速度控制回路

### (一) 单向调速回路

双作用缸有供气节流和排气节流两种调速方式。图5-9(a)为供气节流调速回路,在图示位置,当气控换向阀不换向时,进入气缸A腔的气流流经节流阀,B腔排出的气体直接经换向阀快排。当节流阀开度较小时,由于进入A腔的流量较小,压力上升缓慢,当气压达到能克服负载时,活塞前进,此时A腔容积增大,结果使压缩空气膨胀,压力下降,使作用在活塞上的力小于负载,因而活塞就停止前进。待压力再次上升时,活塞才再次前进。这种由于负载及供气的原因使活塞忽走忽停的现象,叫气缸的"爬行"。节流供气的不足之处主要表现为:当负载方向与活塞方向相反时,活塞运动易出现不平稳现象,即"爬行"现象;当负载方向与活塞方向一致时,由于排气经换向阀快速排气,几乎没有阻尼,负载易产生"跑空"现象,使气缸失去控制。

所以供气节流,多用于垂直安装的气缸供气回路中,在水平安装的气缸供气回路中一般采用如图5-9(b)所示的排气节流回路。由图示位置可知,当气控换向阀不换向时,从气源来的压缩空气,经气控换向阀直接进入气缸的A腔,而B腔排出的气体必须经节流阀到气控换向阀而排入大气,因而B腔中的气体就具有一定的压力,此时活塞在A腔与B腔的压力差作用下前进,而减少了"爬行"发生的可能性。调节节流阀的开度,就可以控制不同的排气

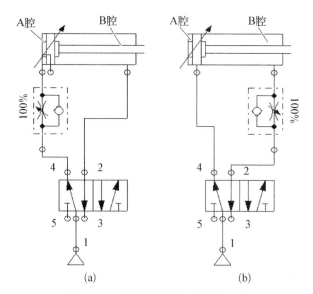

图 5 - 9　双作用气缸速度控制回路

速度,从而也就控制了活塞的运动速度。排气节流调速回路具有下述特点:气缸速度随负载变化比较小,运动较平稳;能承受与活塞运动方向相反的负载(反向负载)。

以上回路适用于负载变化不大的情况。当负载突然增大时,由于气体的可压缩性将迫使气缸内的气体压缩,使活塞运动速度减慢;反之,当负载突然减小时,气缸内被压缩的空气必然膨胀,使活塞运动加快,这称为气缸的"自走"现象。因此在要求气缸具有准确而平稳的速度时(尤其在负载变化较大的场合),就要采用液气相结合的调速方式。

两种节流方式性能比较:

1. 采用供气节流

(1)启动时气流逐渐进入气缸,启动平稳;但如带载启动,可能因推力不够,造成无法启动。

(2)采用进气节流进行速度控制,活塞上微小的负载波动都会导致气缸活塞速度的明显变化,使得气运动速度稳定性较差。

(3)当负载的方向与活塞运动方向相同时(负值负载)可能会出现活塞不受节流阀控制的前冲现象。

(4)当活塞杆碰到阻挡或到达极限位置而停止后,其工作腔由于受到节流压力是逐渐上升到系统最高压力,利用这个过程可以很方便地实现压力顺序控制。

2. 采用排气节流

(1)启动时气流不经节流直接进入气缸,会产生一定的冲击,启动平稳性不如进气节流。

(2)采用排气节流进行速度控制,气缸排气腔由于排气受阻形成背压。排气腔形成的这种背压,减少了负载波动对速度的影响,提高了运动的稳定性,使排气节流成为最常用的调速方式。

（3）在出现负值负载时,排气节流由于有背压的存在,可以阻止活塞的前冲。

（4）气缸活塞运动停止后,气缸进气腔由于没有节流,压力迅速上升;排气腔压力在节流作用下逐渐下降到零。利用这一过程来实现压力控制比较困难且可靠性差,一般不采用。

（二）双向调速回路

在气缸的进、排气口装设节流阀,就组成了双向调速回路,在图 5 - 10 所示的双向节流调速回路中,图 5 - 10(a)为采用单向节流阀式的双向节流调速回路,图 5 - 10(b)为采用排气节流阀的双向节流调速回路。

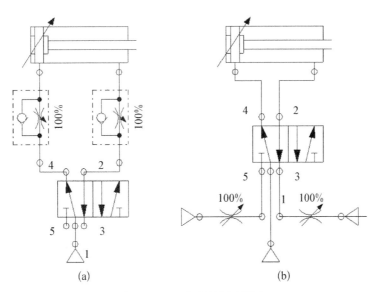

**图 5 - 10　双向节流调速回路**

### 三、快速往复运动回路

若将图 5 - 10(a)中两只单向节流阀换成快速排气阀就构成了快速往复回路如图 5 - 11 所示。若欲实现气缸单向快速运动,可只采用一只快速排气阀。

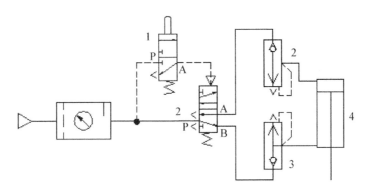

**图 5 - 11　手控阀实现快速往复回路**

#### 四、速度换接回路

如图5-12所示的速度换接回路是利用一个二位五通阀与单向节流阀和快速排气阀并联,当撞块压下行程开关时,发出电信号,使二位五通阀换向,改变排气通路,从而使气缸速度改变。行程开关的位置,可根据需要选定,图中二位五通阀也可改用行程阀。

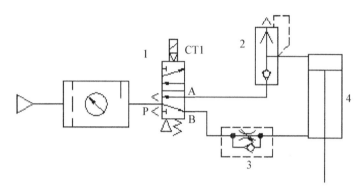

图5-12 速度换接回路

#### 五、缓冲回路

要获得气缸行程末端的缓冲,除采用带缓冲的气缸外,特别在行程长、速度快、惯性大的情况下,往往需要采用缓冲回路来满足气缸运动速度的要求,常用的方法如图5-13所示。图5-13(a)所示回路能实现快进-慢进缓冲-停止快退的循环,行程阀可根据需要来调整缓冲开始位置,这种回路常用于惯性力大的场合。图5-13(b)所示回路的特点是,当活塞返回到行程末端时,其左腔压力已降至打不开顺序阀2的程度,余气只能经节流阀1排出,因此活塞得到缓冲,这种回路常用于行程长、速度快的场合。

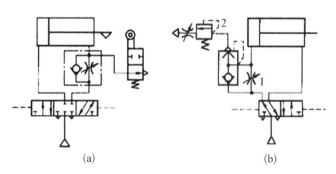

(a)　　　　　　　　　　　　(b)

图5-13 缓冲回路

图5-13所示的回路,都只能实现一个运动方向上的缓冲,若气缸两侧均安装单向节流阀,可达到双向缓冲的目的。如图5-14所示,当气缸上部进气时,活塞向下运动到底部,调节单向节流阀3的开度,可以调节缓冲速度。

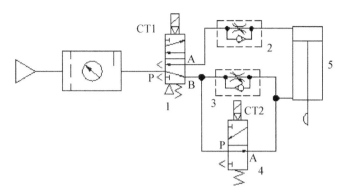

图 5-14　双向缓冲回路

## 动手做——气动回路搭建及仿真

学习搭建常用的气动回路,先用 FluidSIM 软件或宇龙机电控制仿真软件进行仿真,运行合格后,再在实训台上搭建气动回路。

1. 手动阀控制双向速度调节回路

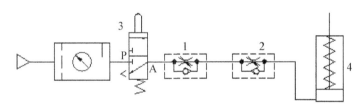

图 5-15　手动阀控制双向速度调节回路

实验步骤:

(1) 采用 FluidSIM 软件或宇龙机电控制仿真软件对图 5-15 的气动回路进行仿真。

(2) 根据回路图,选择所需的气动元件,把它们有布局地卡在铝型台面上,再用气管将它们连接在一起,组成回路。

(3) 仔细检查后,打开气泵的放气阀,压缩空气进入三联件,调节减压阀,使压力为 0.4 MPa 后,通过手旋旋钮式阀 3,此时单向节流阀 1 起作用,调节阀 1,单作用气缸 4 的前进速度可变,当旋钮式阀复位后,此时单向节流阀 2 起作用,调节阀 2,气缸 4 在弹簧的作用下,退回的速度也可变。这就实现了双向可调速的目的。

2. 高速动作回路

实验步骤:

(1) 采用 FluidSIM 软件或宇龙机电控制仿真软件对图 5-16 的气动回路进行仿真。

(2) 根据回路图 5-16,选择所需的气动元件,把它们有布局地卡在铝型材上,再用气管将它们连接在一起,组成回路。

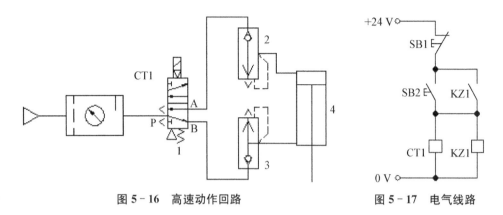

图 5-16　高速动作回路　　　　　　图 5-17　电气线路

（3）仔细检查后，打开气泵的放气阀，压缩空气进入三联件，调节减压阀，使压力为0.4 MPa 后，由图 5-16 可知，气缸首先将被压回气缸初始位置。然后按图 5-17 连接好电气线路。

按下主面板上的启动按钮，按下 SB2，CT1 得电，双作用气缸 4 的有杆腔通过排气口把快排阀 3 顶开，气体快速地被排出，气缸快速前进，当按下 SB1 后，CT1 失电，双作用气缸换向，气缸退回时，压缩空气把快排阀 2 顶开，气体快速排出，气缸 4 快速退回。

3. 二位五通阀缓冲回路

实验步骤：

（1）采用 FluidSIM 软件或宇龙机电控制仿真软件对图 5-18 的气动回路进行仿真。

（2）根据回路图 5-18，选择所需的气动元件，把它们有布局地卡在铝型台面上，再用气管将它们连接在一起，组成回路。

（3）仔细检查后，打开气泵的放气阀，压缩空气进入三联件，调节减压阀，使压力为0.4 MPa 后，由图 5-18 可知，气缸首先将被压回气缸初始位置。然后按图 5-19 连接好电气线路：

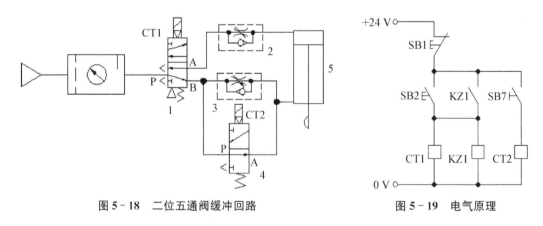

图 5-18　二位五通阀缓冲回路　　　　　图 5-19　电气原理

按下主面板上的启动按钮，按下 SB2，CT1 得电，压缩空气经单向节流阀 2 进入双作用气缸 5 的无杆腔，气缸前进，前进速度较快，当需要缓冲时，按下 SB7，电磁阀 4 得电，双作用气缸通过单向节流阀 3 节流排气,速度放慢,起到缓冲的作用。当不需要缓冲时,复位 SB7 即可。

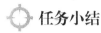 **任务小结**

熟悉了运用 FluidSIM 软件或宇龙机电控制仿真软件进行气动系统设计,并仿真运行,再在实训台上搭建气动回路,掌握常用速度控制回路的设计方法,为钻床控制回路的设计打下基础。

# 任务三  钻床速度控制回路的设计

**任务要求**

通过认识常用的速度控制回路,选择适合钻床气动控制的速度控制回路,用于搭建钻床气动回路,实现项目里要求的功能。

**动手做——设计钻床气动回路**

### 一、气动回路方案设计

采用两种气动回路控制方式:手动控制方式和电气控制方式。设计钻床气动回路,先用 FluidSIM 软件仿真,运行合格后,再在实训台上搭建气动回路,从而让钻床工作起来。

(一)手动控制回路

如图 5 - 20 所示,对于这个课题应根据需要加工的工件大小,确定气缸活塞行程大小。对于行程较小的,可以采用单作用气缸;行程如果较长,就应采用双作用气缸。采用

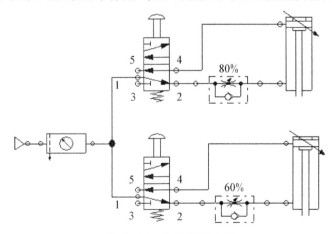

**图 5 - 20  手动控制回路**

两个手动阀分别控制夹紧缸和钻孔缸的动作。

（二）电气控制回路

将图 5-20 中的两个手动阀改为电磁阀,气动回路如图 5-21 所示。采用继电器控制就可以实现远程控制。如果要提高自动化程度,就需要采用 PLC 控制方式。

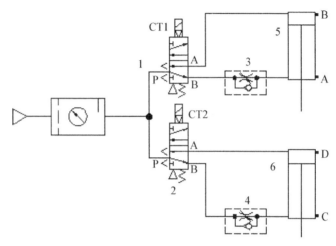

图 5-21 电气控制回路

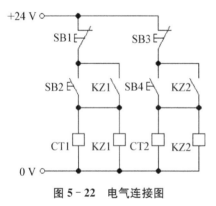

图 5-22 电气连接图

1. 继电器控制

电气接线图如图 5-22 所示,设计动作步骤如下:

（1）SB2 按钮控制夹紧缸 5 动作,按下常开按钮 SB2,电磁阀 1 线圈 CT1 和继电器 KZ1 线圈得电,继电器 KZ1 辅助触点闭合,形成自锁回路,此时松开 SB2,CT1 仍闭合,保持夹紧状态。

（2）SB3 按钮控制钻孔缸 6 动作,按下常开按钮 SB4,电磁阀 2 线圈 CT2 和继电器 KZ2 线圈得电,继电器 KZ2 辅助触点闭合,形成自锁回路,开始钻孔,此时松开 SB4,CT2 仍闭合。

（3）钻孔完成后,按下常闭按钮 SB3,电磁阀 2 线圈 CT2 和继电器 KZ2 线圈失电,继电器 KZ2 辅助触点断开,钻孔缸 6 缩回。

（4）按下常闭按钮 SB1,电磁阀 1 线圈 CT1 和继电器 KZ1 线圈失电,继电器 KZ1 辅助触点断开,夹紧缸 5 缩回,松开工件。

2. PLC 控制方式

PLC 外部接线图如图 5-23 所示,气动回路图如图 5-21 所示,设计动作步骤如下:

（1）SB1 按钮启动,夹紧缸 5 前进,夹紧工件。

（2）工件夹紧后,触发磁性开关 A,发出电信号,钻孔缸 6 前进,开始钻孔,在此过程中夹紧缸一直保持夹紧状态。

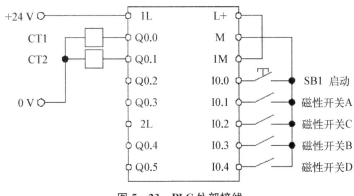

图 5－23 PLC 外部接线

（3）钻孔完成后，触发磁性开关 C，发出电信号，钻孔缸 6 退回。

（4）钻孔缸 6 退回原位后，触发磁性开关 D，发出电信号，夹紧缸 5 退回，松开工件。

（5）夹紧缸 5 退回原位触发磁性开关 B，发出电信号，等待下一个工件的加工。

PLC 操作方法：

按下主面板上的启动按钮，用电缆把计算机和 PLC 连接在一起，将 PLC 状态开关拨向"STOP"端，然后再开启 PLC 电源开关。把 PLC 程序下载到 PLC 主机里。

## 二、方案实施

（1）按照图 5－20、图 5－21 和图 5－22 所示回路进行连接并检查。根据系统回路图，把所需的气动元件有布局地卡在铝型台面上，再用气管将它们连接在一起，组成回路。

（2）连接无误后，打开气源和电源，观察气缸运行情况。压缩空气进入三联件，调节减压阀，使压力为 0.4 MPa。

（3）根据实验现象对手动控制和电气控制方式两种实现方式进行比较。

（4）对实验中出现的问题进行分析和解决。

（5）实验完成后，将各元件整理后放回原位。

## 三、思考练习

（1）如何改变钻孔、夹紧的速度？

（2）要求工件夹紧后 3 s 后才开始钻孔，钻孔完成后 5 s 才松开工件，该如何编程？

（3）增加检测信号，检测到工件到来，钻床自动完成整个加工过程。（工件到来信号可用按钮输入信号模拟）

（4）增加计数功能，对已加工的工件进行计数。

 项目小结

通过本项目的学习，初步掌握了气动速度控制回路的基本组成，各种流量控制阀的结构和

工作原理。在学习过程中,对于每个学习任务首先要理解任务的要求(或动作过程),再根据需要完成的任务来针对性地学习各类阀的结构和工作原理,理解纯气控方式和电气控制方式的优缺点,掌握各类常见气控回路中的传感器使用方法,按照操作步骤完成气控回路的设计。

实践练习

表 5-1 任务实施工作任务单

| 姓名 | | 班级 | | 组别 | | | 日期 | |
|---|---|---|---|---|---|---|---|---|
| 任务名称 | | 钻床的控制系统设计与应用 | | | | | | |
| 工作任务 | | 根据工作要求设计钻床控制系统 | | | | | | |
| 任务描述 | | 在实训室,根据钻床速度控制的原理,选用合理的流量控制阀,设计钻床速度控制回路,安装、连接好回路并调试完成系统功能 | | | | | | |
| 任务要求 | | 1. 正确使用相关工具,分析设计出气动回路图 | | | | | | |
| | | 2. 正确连接元器件,调试运行气动系统,完成系统功能 | | | | | | |
| | | 3. 调节调速阀,观察速度变化和工作状况 | | | | | | |
| 提交成果 | | 1. 钻床速度控制回路图 | | | | | | |
| | | 2. 钻床速度控制回路的调试分析报告 | | | | | | |
| 考核评价 | 序号 | 考 核 内 容 | | 配分 | 评 分 标 准 | | | 得分 | |
| | 1 | 安全文明操作 | | 20 | 遵守安全规章、制度,正确使用工具 | | | | |
| | 2 | 绘制气动系统回路图 | | 10 | 图形绘制正确,符号规范 | | | | |
| | 3 | 回路正确连接 | | 10 | 元器件连接有序正确 | | | | |
| | 4 | 系统运行调试 | | 50 | 系统运行平稳,能满足工作要求 | | | | |
| | 5 | 团队协作 | | 10 | 与他人合作有效 | | | | |
| 指导教师 | | | | | 总 分 | | | | |

采用宇龙机电控制仿真软件或 FluidSIM-P 软件绘制以下气动回路图,仿真运行,并在实验台上搭建回路运行。

**拓展项目一:基本的气动速度控制回路的组建与调试**

本实验分三个部分:

a:单作用气缸速度控制回路;

b:双作用气缸速度控制回路;

c:快速回路。

一、实验目的

1. 了解速度可变的意义。

2.了解气缸实现速度可变的手段和方法。

3.了解节流阀在速度控制回路中的应用及工作原理。

二、实验要求

对下列各气动回路,选取几种,对每项实验完成实验报告的内容。

三、实验实例

a:单作用气缸

1.单向节流阀调节单作用气缸进气速度回路

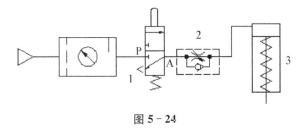

图 5 - 24

2.单向节流阀调节单作用气缸回气速度回路

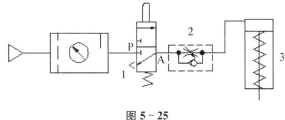

图 5 - 25

3.电控阀控制双向速度调节回路

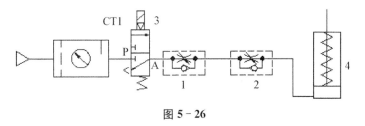

图 5 - 26

4.电控快速排气阀速度控制回路

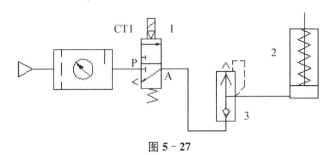

图 5 - 27

b：双作用气缸

1. 单向节流阀实现排气调速

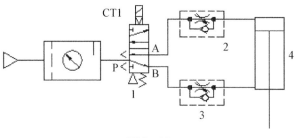

图 5 - 28

2. 单向节流阀实现进气调速

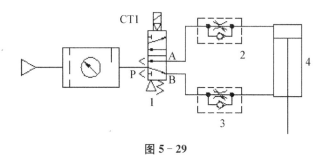

图 5 - 29

3. 慢进快退调速回路

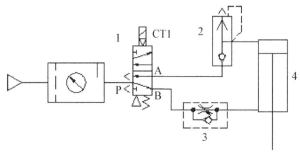

图 5 - 30

4. 快进慢退调速回路

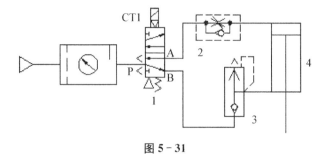

图 5 - 31

### 5. 电气控制实现单向节流阀进气调速

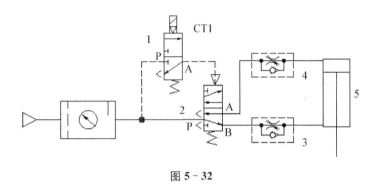

图 5 - 32

### 6. 机械阀控制实现单向节流阀进气调速

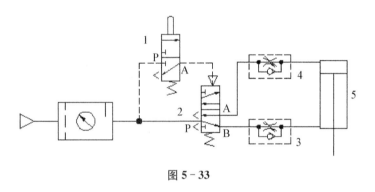

图 5 - 33

### 7. 电气控制实现快进慢退调速回路

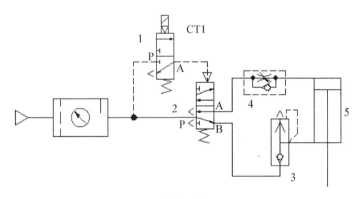

图 5 - 34

8. 电气控制实现慢进快退调速回路

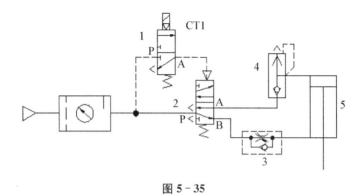

图 5-35

c：快速回路

1. 电气控制实现高速动作回路

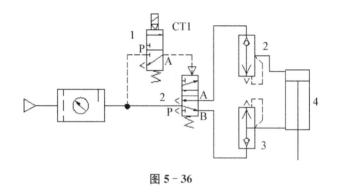

图 5-36

2. 手控阀实现高速动作回路

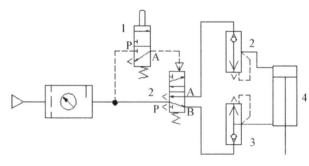

图 5-37

**拓展项目二：气缸进给(快进→慢进→快退)系统**

实验回路图如图 5－38 所示。

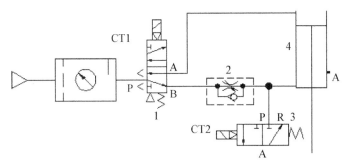

图 5－38　气动回路

电磁铁动作顺序如下：

CT1$^+$ CT2$^+$　气缸快速前进

CT1$^+$ CT2$^-$　气缸慢速前进

CT1$^-$ CT2$^-$　气缸快退

实验操作过程：

(1) 根据原理图,选择所需的气动元件,将它们有布局地卡在铝型材上,再用气管将它们连接在一起,组成回路。

(2) 按图 5－39,把电气连线接好。

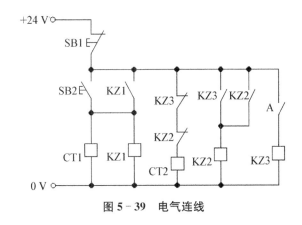

图 5－39　电气连线

(3) 仔细检查后,按下主面板上的启动按钮,打开气泵的放气阀,压缩空气进入三联件,调节减压阀,使压力为 0.4 MPa 后,当按下 SB2 后,CT1、CT2、KZ1 得电,同时相应的触点也动作,气缸 4 快速前进,当碰到磁性开关 A 后,A 触发,CT2 失电,气缸的回气经单向节流阀 2 回气,阻力加大,气缸慢进。当按下 SB1 后,CT1、CT2、KZ1 均失电,相应的阀均复位,气缸经单向节流阀快退。

(4) 思考此系统用 PLC 可以实现吗？如何编程？

## 课 后 习 题

**1. 填空题**

(1) 与门型梭阀又称_____。

(2) 气动控制元件按其功能和作用分为_____控制阀、_____控制阀和_____控制阀三大类。

(3) 气动单向型控制阀包括_____、_____、_____和快速排气阀。其中_____与液压单向阀类似。

(4) 气动压力控制阀主要有_____、_____和_____。

(5) 气动流量控制阀主要有_____、_____、_____等,都是通过改变控制阀的通流面积来实现流量控制的元件。

(6) 气动系统因使用的功率都不大,所以主要的调速方法是_____。

(7) 在设计任何气动回路时,特别是安全回路,都不可缺少_____和_____。

**2. 判断题**

(1) 快速排气阀的作用是将气缸中的气体经过管路由换向阀的排气口排出。(    )

(2) 每台气动装置的供气压力都需要用减压阀来减压,并保证供气压力的稳定。(    )

(3) 在气动系统中,与门型梭阀的逻辑功能相当于"或"元件。(    )

(4) 快排阀使执行元件的运动速度达到最快而使排气时间最短,因此需要将快排阀安装在方向控制阀的排气口。(    )

(5) 双气控及双电控二位五通方向控制阀具有保持功能。(    )

(6) 气压控制换向阀是利用气体压力来使主阀芯运动而使气体改变方向的。(    )

(7) 消声器的作用是排除压缩气体高速通过气动元件排到大气时产生的刺耳噪声污染。(    )

(8) 气动压力控制阀都是利用作用于阀芯上的流体(空气)压力和弹簧力相平衡的原理来进行工作的。(    )

(9) 气动流量控制阀主要有节流阀、单向节流阀和排气节流阀等,都是通过改变控制阀的通流面积来实现流量控制的元件。(    )

**3. 选择题**

(1) 下列气动元件是气动控制元件的是(    )。

A. 气动马达　　　　　B. 顺序阀　　　　　C. 空气压缩机

(2) 气压传动中方向控制阀是用来(    )。

A. 调节压力　　　　　B. 截止或导通气流　　　　　C. 调节执行元件的气流量

(3) 在图5-40所示回路中,仅按下 $P_{s3}$ 按钮,则(    )。

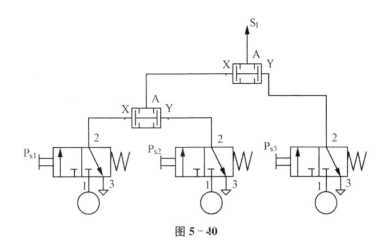

图 5 - 40

A. 压缩空气从 $S_1$ 口流出

B. 没有气流从 $S_1$ 口流出

C. 如果 $P_{s2}$ 按钮也按下,气流从 $S_1$ 口流出

**4. 简答题**

(1) 气动系统中常用的压力控制回路有哪些?

(2) 延时回路相当于电气元件中的什么元件?

(3) 比较双作用缸的节流供气和节流排气两种调速方式的优缺点和应用场合。

(4) 为何在安全回路中,都不可缺少过滤装置和油雾器?

**5. 综合题**

(1) 设计一个双手操作回路。

(2) 画出下列气动元件的图形符号:或门型梭阀、与门型梭阀、快速排气阀。

项目六　综合应用(一)气动机械手设计

项目描述

　　在现代化的生产厂内,气动机械手是注塑机上抓取、输送注塑零部件的工具,是取代手工操作,提高工作效率、机械动作精确度和安全性的最佳解决方法。通过观察与分析机械手工作过程,了解气压技术在自动化生产中的应用。它主要由导杆滑块汽缸,回转汽缸,Y型夹,平行夹,大开口夹及系列自动化零件组成,如图 6-1 所示。该产品已经实行模块化系列,成本低。

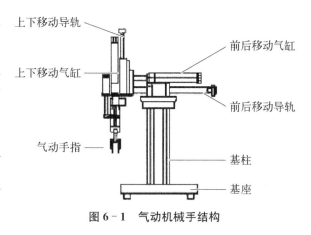

上下移动导轨

前后移动气缸

上下移动气缸

前后移动导轨

气动手指

基柱

基座

图 6-1　气动机械手结构

项目分析

　　控制要求:初始位置是气动机械手处于原始位置。按下起始按钮,气爪下降,手爪伸开;夹住工件后,气爪上升,手臂伸出;当伸出到达限位后,气爪下降,气爪再次伸开,放下工件;放下工件后气爪上升,手臂回缩,回到初始状态。通过分析气动机械手的气动系统回路,掌握方向控制回路。通过换向阀等元器件对系统进行控制。

知识目标

1. 能识读气压传动系统图,能正确识别气压基本回路。
2. 能正确组装并调试气压系统,能运用工作机构相关技术资料建立简单气压回路。

3.掌握典型气压系统中各元件的作用和相互联系。

## 技能目标

1. 能够运用气压传动系统基本知识,正确分析与操作典型的气压系统。
2. 能够正确分析和总结典型的气压传动系统的特点。
3. 能对简单的气动系统进行设计与控制。

# 任务一　认识气动机械手组成及结构形式

## ◇ 任务要求

通过认识常用的气动机械手组成及结构形式,选择适合气动机械手的气动元件,用于搭建气动机械手气动回路,实现项目中要求的功能。

## ◇ 跟我学——气动机械手的结构及工作原理

机械手一般指同时只做一个自由度(直线或旋转)运动的机械夹持器(手)装置,它们由机械夹持器(气动手指、电磁铁、真空吸盘等)、驱动装置(运动机构、气缸、液压缸或直线电机、步进电机等)和导向支架组成,如图 6-2 所示。它们常用于既不很重,也不大,又方便夹持的物料,如在物流自动化及自动生产线中常有的中小型尺寸的方形或圆柱形零件、薄壁零件和具有统一尾部结构的刀具等的装卸。加工中心上的刀具更

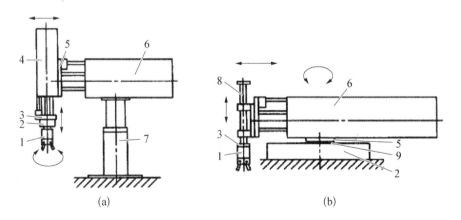

(a)　　　　　　　　　　　　　(b)

**图 6-2　气动机械手结构**

(a) 直动式机械手　(b) 回转式机械手

1-手爪;2-回转件;3、5、9-连接板;4、6-直线运动件;7-基座;8-小行程模块

换，自动车床上的自动上、下料，注塑机的注塑零件的抓取等，都在大量地使用工业机械手。

虽然气动机械手用于各种不同的场合，要求不一，但各企业都希望能快速设计、灵活应用气动机械手。这为气动机械手的模块化提供了一条发展之路。

采用模块化拼装结构，可快速组成立柱型气动机械手、门架型气动机械手及滑块型气动机械手，以及其他各类气动机械手。图 6-2 所示是通常使用的一些气动组合机械手，其中图 6-2(a)，(b)所示两种形式应用最广泛。在组合扩展过程中，气动机械手中的每个部件（包括支架、支座、螺钉、螺母）都列在气动供应商的产品样本之中，设计人员不必为其中某个小部件进行重新设计、制造或另行采购。

### ◯ 动手做——气动元件的选用

通过认识常用的气动机械手组成及结构形式，选择适合气动机械手的气动元件，用于搭建气动机械手气动回路，实现项目里要求的功能。

根据项目要求，气动机械手选用气动手爪、升降气缸、伸缩气缸。

气动气爪通过一个带环形槽的活塞杆带动手指运动。由于气爪手指耳环始终与环形槽相连，所以手指移动能实现自对中，并保证抓取力矩的恒定，其剖面结构与实物图如图 6-3 所示。

图 6-3    摆动手指剖面结构与实物

# 任务二    气动机械手设计

### ◯ 任务要求

通过认识常用的综合气动回路设计方法，选择适合设计气动机械手的表示方法，用于搭建气动机械手气动回路，实现项目中要求的功能。

## ◈ 跟我学——气动回路设计方法

### 一、气动回路的符号表示法

1. 气动系统回路图表示法

在实际工程中,气动系统回路图是以气动元件职能符号组合而成,故应对前述所有气动元件的功能、符号与特性熟悉和了解。以气动符号所绘制的回路图可分为定位和不定位两种表示法。

定位回路如图 6-4 所示,以系统中元件实际的安装位置绘制,这种方法使工程技术人员容易看出阀的安装位置,便于维修保养。

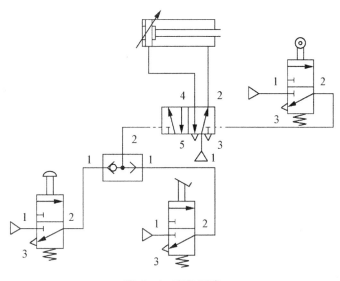

图 6-4 定位回路

不定位回路图不按元件的实际位置绘制,气动回路图根据信号流动方向,从下向上绘制,各元件按其功能分类排列,依次顺序为气源系统、信号输入元件、信号处理元件、控制元件、执行元件,如图 6-5 所示。我们主要使用此种回路表示法。

为分清气动元件与气动回路的对应关系,给出全气动系统控制链中信号流和元件之间的对应关系,掌握这一点对于分析和设计气动程序控制系统非常重要。

2. 回路图内元件的命名和编号

1) 数字命名

元件按控制链分成几组,每一个执行元件连同相关的阀称为一个控制链,0 组表示能源供给元件,1、2 组代表独立的控制链。

A—执行元件;V—控制元件;S—输入元件;Z—气源系统。

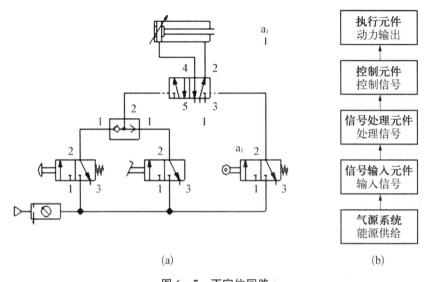

图 6-5  不定位回路

（a）示例  （b）气动元件信号流

2）英文字母命名

常用于气动系统的设计，大写字母表示执行元件，小写字母表示信号元件。

A,B,C 等代表执行元件；

$a_1$,$b_1$,$c_1$ 等代表执行元件在伸出位置时的行程开关；

$a_0$,$b_0$,$c_0$ 等代表执行元件在缩回位置时的行程开关。

3）数字编号

一些企业用数字对元件进行编号，如表 6-1 所示为系统回路中元件的编号规定，从中不但能清楚地表示各个元件，而且能表示出各个元件在系统中的作用及对应关系。

表 6-1  气动系统回路中元件的数字编号规定

| 数 字 符 号 | 表示含义及规定 |
| --- | --- |
| 1.0,2.0,3.0,… | 表示各个执行元件 |
| 1.1,2.1,3.1,… | 表示各个执行元件的末级控制元件（主控阀） |
| 1.2,1.4,1.6,…<br>2.2,2.4,2.6,…<br>3.2,3.4,3.6,… | 表示控制各个执行元件前冲的控制元件 |
| 1.3,1.5,1.7,…<br>2.3,2.5,2.7,…<br>3.3,3.5,3.7,… | 表示控制各个执行元件回缩的控制元件 |
| 1.02,1.04,1.06,…<br>2.02,2.04,2.06,…<br>3.02,3.04,3.06,… | 表示各个主控阀与执行元件之间的控制执行元件前冲的控制元件 |

（续表）

| 数 字 符 号 | 表示含义及规定 |
|---|---|
| 1.03,1.05,1.07,…<br>2.03,2.05,2.07,…<br>3.03,3.05,3.07,… | 表示各个主控阀与执行元件之间的控制执行元件回缩的控制元件 |
| 0.1,0.2,0.3,… | 表示气源系统的各个元件 |

目前,在气动技术中对元件的命名或编号的方法很多,没有统一的标准。

## 二、执行元件动作顺序的表示方法

对执行元件的动作顺序及发信开关的作用状况,必须清楚地把它表达出来,尤其对复杂顺序及状况,必须借助于运动图来表达,这样才能有助于对气动程序控制回路图的分析与设计。

运动图是用来表示执行元件的动作顺序及状态的,按其坐标的表示不同可分为位移-步骤图和位移-时间图。

1. 位移-步骤图

位移-步骤图描述了控制系统中执行元件的状态随控制步骤的变化规律。图中的横坐标表示步骤,纵坐标表示位移(气缸的动作)。例如,A、B 两个气缸的动作顺序为 A+、B+、B-、A-(A+表示 A 气缸伸出,B-表示 B 气缸退回),则其位移-步骤图如图 6-6(a)所示。

2. 位移-时间图

位移-步骤图仅表示执行元件的动作顺序,而执行元件动作的快慢,则无法表示出来。位移-时间图是描述控制系统中的执行元件的状态随时间变化规律的。如图 6-6(b)所示,图中的横坐标表示动作的时间,纵坐标表示位移(气缸的动作),从该图中可以清楚地看出执行元件动作的快慢。

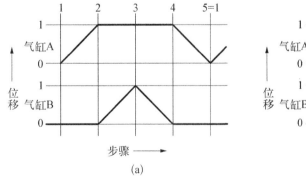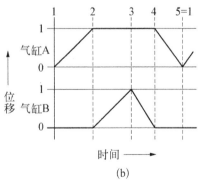

**图 6-6 运动**

(a) 位移-步骤 (b) 位移-时间

至于具体采用哪种形式,一般由控制系统本身所定。

## ⊕ 动手做——设计气动机械手气动回路

采用电气控制方式,设计气动机械手气动回路,先用 FluidSIM 软件或宇龙机电控制仿真软件仿真,运行合格后,再在实训台上搭建气动回路,从而让气动机械手工作起来。

1. 气动系统设计

图 6-7 为机械手的气动系统。当工件运行到指定位置后,手爪气缸夹起工件,运送到指定位置后,松开手爪。运送任务完成后,通过换向阀使各气缸活塞退回原位。

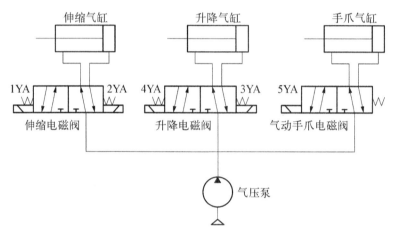

图 6-7 机械手气动系统

其工作原理是:按下起始按钮,升降电磁阀 3YA 得电,压缩空气进入升降气缸,手爪气缸下降,当到达工件所在位置时,升降气缸停止,气动手爪电磁阀 5YA 得电,手爪伸开;夹住工件后,升降电磁阀 4YA 得电,气爪上升,伸缩电磁阀 1YA 得电,伸缩气缸伸出;当伸出到达限位后,气爪下降,气爪再次伸开,放下工件;放下工件后气爪上升,伸缩电磁阀 2YA 得电,手臂回缩,回到初始状态。

机械手气动系统回路控制阀动作顺序如表 6-2 所示。

表 6-2　机械手气动系统回路控制阀动作顺序表

| 动　　作 | 1YA | 2YA | 3YA | 4YA | 5YA |
|---|---|---|---|---|---|
| 升降气缸降低 | | + | + | | |
| 手爪气缸伸开 | | + | + | | + |
| 手爪气缸夹紧工件 | | + | + | | |
| 升降气缸升高 | | + | | + | |
| 伸缩气缸伸出 | + | | | + | |
| 升降气缸降低 | + | | + | | |

（续表）

| 动　　作 | 1YA | 2YA | 3YA | 4YA | 5YA |
|---|---|---|---|---|---|
| 手爪伸开,放下工件 | ＋ | | ＋ | | ＋ |
| 气爪上升 | ＋ | | | ＋ | |
| 伸缩气缸缩回,回到初始状态 | | ＋ | | ＋ | |

2. 电气控制回路的系统配置及 PLC 选型

三菱 PLC FX2n 系列是 FX 系列 PLC 家族中最先进的系列。由于 FX2n 系列具备如下特点：最大范围地包容了标准特点、程式执行更快、全面补充了通信功能、适合世界各国不同的电源以及满足单个需要的大量特殊功能模块，它可以为工厂自动化应用提供最大的灵活性和控制能力。

在基本单元上连接扩展单元或扩展模块，可进行 16 - 256 点的灵活输入输出组合。可选用 16/32/48/64/80/128 点的主机，可以采用最小 8 点的扩展模块进行扩展。可根据电源及输出形式，自由选择。程序容量：内置 800 步 RAM（可输入注释）可使用存储盒，最大可扩充至 16 k 步。丰富的软元件应用指令中有多个可使用的简单指令、高速处理指令、输入过滤常数可变、中断输入处理、直接输出等。便利指令数字开关的数据读取，16 位数据的读取、矩阵输入的读取、7 段显示器输出等。数据处理、数据检索、数据排列、三角函数运算、平方根、浮点小数运算等。特殊用途、脉冲输出（20KHZ/DC5V，KHZ/DC12V - 24V)、脉宽调制、PID 控制指令等。外部设备相互通信，串行数据传送、ASCII code 印刷、HEX ASCII 变换、校验码等。时计控制内置时钟的数据比较、加法、减法、读出、写入等。

本系统采用三菱 plc - FX2N - 128MR - 001 基本单元带 64 点输入/64 点继电器输出。电气元件和气动元件清单如表 6 - 3 和表 6 - 4 所示。PLC 接线如图 6 - 8 所示。

表 6 - 3　电气元件清单

| 元器件名称 | 数　量 | 元器件名称 | 数　量 |
|---|---|---|---|
| 220 V 电源 | 1 | 三菱 PLC | 1 |
| 24 V 电源 | 1 | 断路器 | 1 |
| 按　钮 | 1 | | |

表 6 - 4　气动元件清单

| 元器件名称 | 数　量 | 元器件名称 | 数　量 |
|---|---|---|---|
| 二位五通双电磁换向阀 | 2 | 气压缸 | 3 |
| 二位五通电磁换向阀 | 1 | 气压泵 | 1 |

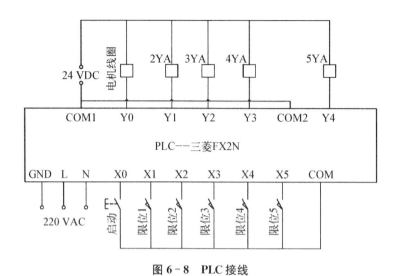

图 6-8　PLC 接线

PLC 的 I/O 分配如表 6-5 所示。

表 6-5　PLC 的 I/O 分配表

| 地　　址 | 说　　明 |
| --- | --- |
| X0 | 启动按钮 |
| X1 | 限位 1 |
| X2 | 限位 2 |
| X3 | 限位 3 |
| X4 | 限位 4 |
| X5 | 限位 5 |
| Y0 | 1YA |
| Y1 | 2YA |
| Y2 | 3YA |
| Y3 | 4YA |
| Y4 | 5YA |

### 3. 仿真操作

采用宇龙机电控制仿真软件对机械手的运行效果进行仿真操作,仿真模型如图 6-9 所示,PLC 控制的气动系统仿真如图 6-10 所示。

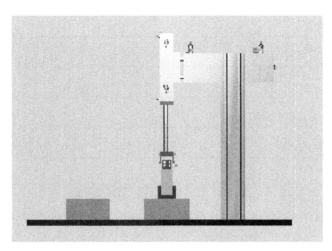

图 6-9　机械手的仿真模型

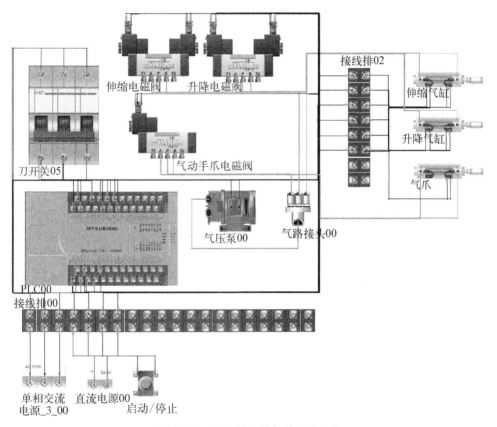

图 6-10　PLC 控制的气动系统仿真

PLC 程序如图 6 - 11 所示。

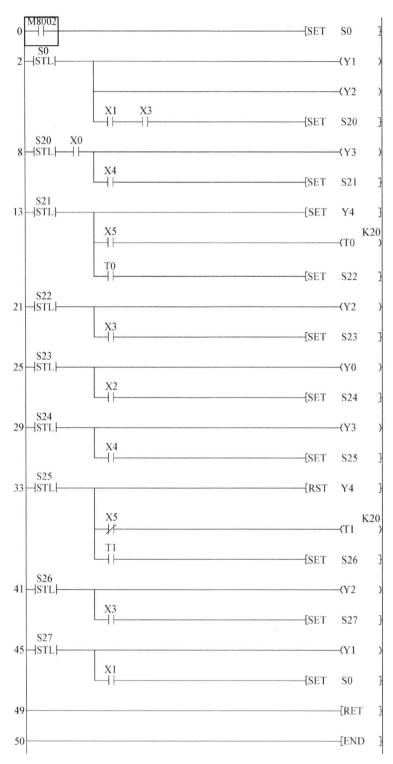

图 6 - 11　PLC 程序

**项目小结**

通过本项目的学习,掌握了如何组建一个完整的气动控制系统,能正确组装并调试气压系统,能够运用工作机构相关技术资料建立简单气压回路,通过程序框图、信号-动作图(X-D线图法)对简单的气动系统进行设计。

通过对宇龙机电控制仿真软件的界面及功能的介绍,以气压回路的实例进行了实际操作,在操作过程中,通过对这些回路的绘制及仿真,元器件的设置调试等,更进一步加强了宇龙机电控制仿真软件的学习,并进一步加深了对液压和气压传动的认识。

**实践训练**

表 6-6 任务实施工作任务单

| 姓名 | | 班级 | | 组别 | | | 日期 | |
|---|---|---|---|---|---|---|---|---|
| 任务名称 | 气动机械手控制系统设计与应用 | | | | | | | |
| 工作任务 | 根据工作要求设计气动机械手控制系统 | | | | | | | |
| 任务描述 | 在实训室,根据气动机械手的控制原理,选用合理的控制阀,设计气动机械手控制回路,安装、连接好回路并调试完成系统功能 | | | | | | | |
| 任务要求 | 1. 正确使用相关工具,分析设计出气动回路图 | | | | | | | |
| | 2. 正确选用和连接元器件,调试运行气动系统,完成系统功能 | | | | | | | |
| | 3. 调节阀,观察工作状况变化 | | | | | | | |
| 提交成果 | 1. 气动机械手控制回路图 | | | | | | | |
| | 2. 气动机械手控制回路的调试分析报告 | | | | | | | |
| 考核评价 | 序号 | 考核内容 | | 配分 | 评分标准 | | | 得分 |
| | 1 | 安全文明操作 | | 20 | 遵守安全规章、制度,正确使用工具 | | | |
| | 2 | 绘制气动系统回路图 | | 10 | 图形绘制正确,符号规范 | | | |
| | 3 | 回路正确连接 | | 10 | 元器件连接有序正确 | | | |
| | 4 | 系统运行调试 | | 50 | 系统运行平稳,能满足工作要求 | | | |
| | 5 | 团队协作 | | 10 | 与他人合作有效 | | | |
| 指导教师 | | | | | 总  分 | | | |

**拓展项目:雨伞试验机**

实验回路如图 6-12 所示。

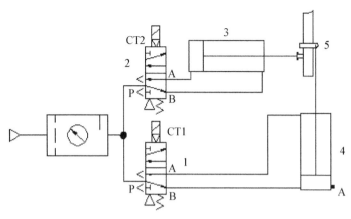

图 6-12　气动回路

动作过程如下：

缸 4 后退，关伞；缸 3 前进，开伞；缸 4 前进，撑伞。

电磁铁动作如下：

(1) CT1$^+$ 关伞，到底后，磁性开关 A 发信；

(2) CT2$^+$ CT1$^-$ 开伞，延时 0.5 s；

(3) CT2$^-$ 撑伞。

实验操作过程：

PLC 外部接线如图 6-13 所示。

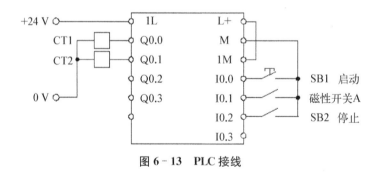

图 6-13　PLC 接线

(1) 根据系统回路图，把所需的气动元件有布局地卡在铝型台面上，再用气管将它们连接在一起，组成回路。

(2) 待老师检查后，按下主面板上的启动按钮，用电缆把计算机和 PLC 连接在一起，将 PLC 状态开关拨向"STOP"端，然后在开启 PLC 电源开关，编写 PLC 程序并下载到 PLC 主机里。

(3) 待老师检查后，打开气泵的放气阀，压缩空气进入三联件，调节减压阀，使压力为 0.4 MPa 后，按下 SB1 后，气缸便按程序里的时间顺序工作，当到了计数值后，自动停止，中途按下 CB2，气缸复位后，停止。

# 课后习题

## 1. 综合题

图 6-14 为气动机械手的工作原理,试分析并回答以下各题。

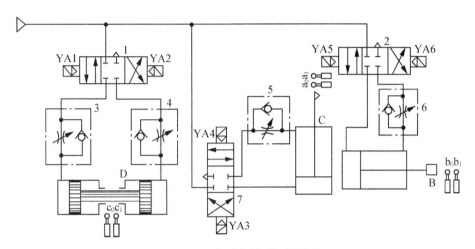

图 6-14 气动机械手工作原理

(1) 写出元件 1、3 的名称及 $b_0$ 的作用。

(2) 在表 6-7 中填写电磁铁动作顺序。

表 6-7

| 电磁铁 | 垂直缸 C 上升 | 水平缸 B 伸出 | 回转缸 D 转位 | 回转缸 D 复位 | 水平缸 B 退回 | 垂直缸 C 下降 |
|---|---|---|---|---|---|---|
| YA1 | | | | | | |
| YA2 | | | | | | |
| YA3 | | | | | | |
| YA4 | | | | | | |
| YA5 | | | | | | |
| YA6 | | | | | | |

## 2. 简答题

(1) 在如图 6-15 所示的客车车门气压传动系统中,可否不用梭阀 1、2?

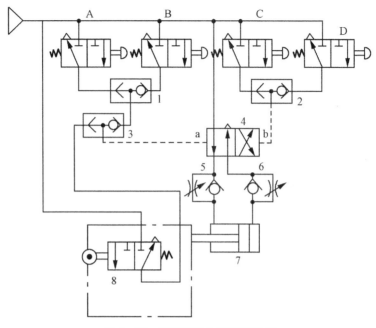

图 6 - 15　客车车门气压控制系统

（2）在如图 6 - 16 所示折弯机的控制系统回路图中，如果错将梭阀替代为双压阀，回路运行时会出现什么结果？

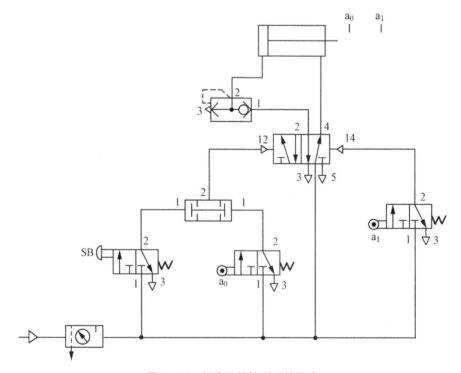

图 6 - 16　折弯机的控制系统回路

项目七

# 综合应用(二)数控加工中心气动系统组建与调试

 项目描述

　　自动换刀系统是用于实现刀库与机床主轴之间自动传递和装卸刀具的装置,它是数控机床的重要执行机构。自动换刀系统由刀库和刀具交换装置组成。刀库可以存放数量很多的刀具,以进行复杂零件的多工序加工,可明显提高数控机床的适应性和加工效率。数控加工中心的自动换刀装置中最常用的是圆盘机械手换刀,如图7-1所示。

　　换刀的任务是:当一个工序完成后,将不用的刀具从主轴中卸下来送回刀库中,同时将下道工序的刀具装入主轴中。接着机械手回到原始位置,等待下一个工作循环。机械手的规律性运动是通过气动系统、三相电动机和齿轮传动等构件来实现。其中,气动系统的气压必须保持在0.6 MPa以上,机械手才

图7-1　数控加工中心的自动换刀装置

能换刀成功。刀库中刀套按照T代码的指令运转到换刀位置,然后进行刀具交换。在机床工作过程中刀具按指令程序进行取刀或装刀。因此,要求气动系统需按照换刀过程的运动次序准确可靠地完成每个动作。

　　自动换刀系统应当满足的基本要求包括:① 换刀时间短;② 刀具重复定位精度高;③ 足够的刀具储存量;④ 刀库占用空间少。

项目分析

　　自动换刀系统主要实现将加工所需刀具，从刀库中传送到主轴夹持机构上。换刀系统由刀库、机械手、气动及电气驱动系统等构成。数控加工中心气动换刀系统能实现自动换刀功能，在换刀过程中实现主轴定位、主轴松刀、拔刀、向主轴锥孔吹气排屑和插刀动作。图 7 - 2 为数控加工中心气动换刀系统原理图。

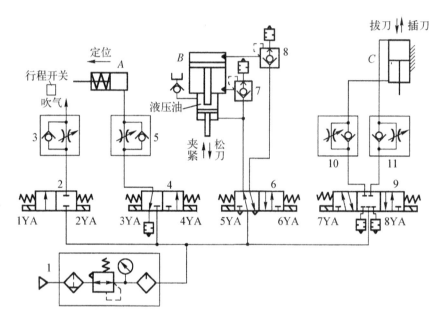

**图 7 - 2　数控加工中心气动换刀系统原理**

1-气源处理装置；2-二位二通电磁换向阀；3、5、10、11-单向节流阀；
4-二位三通电磁换向阀；6-二位五通电磁换向阀；9-三位五通电磁换向阀；7、8-快速排气阀

　　该数控加工中心气动换刀系统的技术特点如下：① 全部采用电磁阀的换向回路，有利于数控系统的控制；② 各换向阀排气口均安装了消声器，可以减小噪声；③ 刀具松开、夹紧采用气液增压结构，使运动平稳；④ 吹气、定位及刀具插拔机构均采用单向节流阀调节流量或速度，结构简单、操纵方便。

知识目标

1. 了解数控加工中心自动换刀装置的作用、组成。
2. 认识数控加工中心气动换刀系统所采用的气动元件。
3. 能分析数控加工中心自动换刀装置气动回路的工作原理。

能力目标

1. 能列出数控加工中心气动换刀系统所采用的气动元件。

2. 能应用 FluidSIM 软件、宇龙仿真软件绘制出数控加工中心气动换刀回路图。

3. 能在气动实训台上正确安装数控加工中心气动换刀回路,实现主轴定位、主轴松刀、拔刀、向主轴锥孔吹气排屑和插刀等模拟动作。

# 任务一　数控加工中心气动系统分析

数控加工中心气动换刀系统在换刀过程中可实现主轴定位→主轴松刀→拔刀→向主轴锥孔吹气→插刀→夹紧的动作过程,其工作原理为:(1)当数控系统发出换刀指令时,主轴停止旋转,同时电磁铁4YA通电,压缩空气经气源处理装置1、换向阀4、单向节流阀5进入主轴定位缸A的右腔,缸A的活塞左移,使主轴自动定位。(2)定位后压下开关,使电磁铁6YA通电,压缩空气经换向阀6、快速排气阀8进入气液增压器B的上腔,增压腔的高压油使活塞伸出,实现主轴松刀。(3)使电磁铁8YA通电,压缩空气经换向阀9、单向节流阀10进入缸C的上腔,缸C下腔排气,活塞下移实现拔刀。(4)由回转刀库交换刀具,同时电磁铁1YA通电,压缩空气经换向阀2、单向节流阀3向主轴锥孔吹气。(5)稍后电磁铁1YA断电、电磁铁2YA通电,停止吹气。(6)电磁铁8YA断电、电磁铁7YA通电,压缩空气经换向阀9、单向节流阀10进入缸C的下腔,活塞上移,实现插刀动作。(7)电磁铁6YA断电、电磁铁5YA通电,压缩空气经换向阀6进入气液增压器B的下腔,使活塞退回,主轴的机械机构使刀具夹紧。(8)电磁铁4YA断电、电磁铁3YA通电,缸A的活塞在弹簧力的作用下复位,回复到开始状态,换刀结束。

分析图7-2中所示的数控加工中心气动系统原理,在表7-1中列出各动作所对应的电磁铁状态(电磁铁通电时填1或+,断电时填0或-)。

表7-1　数控加工中心气动换刀系统各动作对应电磁铁状态

| 动　作 | 电　磁　铁　状　态 | | | | | | | |
|:---:|:---:|:---:|:---:|:---:|:---:|:---:|:---:|:---:|
| | 1YA | 2YA | 3YA | 4YA | 5YA | 6YA | 7YA | 8YA |
| 定　位 | | | － | ＋ | | | | |
| 松　刀 | | | － | ＋ | | ＋ | | |
| 拔　刀 | | | － | ＋ | | ＋ | | ＋ |
| 吹　气 | ＋ | － | － | ＋ | | ＋ | | ＋ |

（续表）

| 动　作 | 电　磁　铁　状　态 | | | | | | | |
|---|---|---|---|---|---|---|---|---|
| | 1YA | 2YA | 3YA | 4YA | 5YA | 6YA | 7YA | 8YA |
| 停止吹气 | − | + | − | + | | + | | |
| 插　刀 | | | − | + | | + | + | − |
| 夹　紧 | | | − | + | + | − | | |
| 换刀结束 | | | + | − | | | | |

# 任务二　数控加工中心气动系统组建与调试

（1）根据原理图 7-2,应用 FluidSIM 软件进行数控加工中心气动换刀系统的绘图与仿真。

① 设计气动回路、电气控制回路。

② 从元件库中选出所需的气动元件、电气元件。

③ 根据气动回路、电路图正确连接各元件。

④ 设置各元件参数和仿真参数。

⑤ 启动仿真,观察各元件动作及仿真结果。

⑥ 若仿真结果不正确,检查以上各步骤是否存在问题,改正并再次调试,直至结果正确。

（2）在气动综合实训台上正确安装、调试数控加工中心换刀装置的气动电控回路。

① 分析原理图,在表 7-2 中列出实训所需的元件清单。

表 7-2　数控加工中心气动系统元件清单

| 序　号 | 元 件 名 称 | 规　格 | 数　量 | 功　能　描　述 |
|---|---|---|---|---|
| | | | | |
| | | | | |
| | | | | |
| | | | | |
| | | | | |
| | | | | |
| | | | | |
| | | | | |
| | | | | |

② 可靠安装、连接各元件。

③ 连接无误后,打开气源和电源,观察气缸运行情况。

④ 先进行分部分调试,然后再整体调试。

⑤ 对实验中出现的问题进行分析和解决。

⑥ 实验完成后,将各元件整理后放回原位。

(3) 设计数控加工中心换刀装置的气动 PLC 控制回路。

① 进行 I/O 端口分配(列出 I/O 分配表)或画出 PLC 控制外部接线图。

② 连接与检查气路、电路。

③ 设计 PLC 控制程序。

④ 程序编辑、下载与调试。

⑤ 程序仿真运行。

**项目小结**

本项目先对数控加工中心气动系统进行了原理分析。从分析可知,数控加工中心气动系统主要由顺序动作回路和速度控制回路组成。然后,设计了数控加工中心气动系统的两种控制方式:继电器控制、PLC 控制。在 FluidSIM 软件平台上进行了动作仿真,并利用气动综合实训台,设计了对应的控制电路和 PLC 控制程序,模拟数控加工中心气动换刀系统的真实动作过程。

**实践训练**

图 7 - 3 所示的双缸顺序动作控制回路,能实现 1A1 伸出→2A1 伸出→2A1 缩回→1A1 缩回的单周期动作。请用 FluidSIM - H 软件或宇龙仿真软件进行仿真,并在气动综合实训台上设计和搭建对应的 PLC 气控回路。

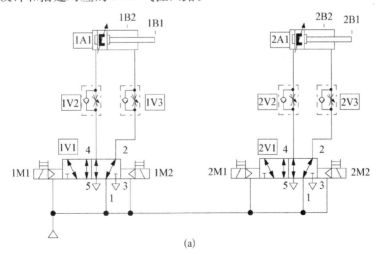

(a)

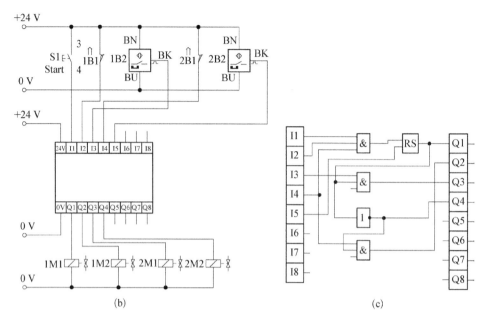

**图 7 - 3　双缸顺序动作控制回路**

(a) 气动回路　　　(b) PLC I/O 接线　　(c) 控制逻辑模块

表 7 - 3　技能评分标准

| 序号 | 技　能　要　求 | 配分 | 评　分　标　准 | 得分 |
|---|---|---|---|---|
| 1 | 气动元件选择 | 10 | 选错一件扣 5 分 | |
| 2 | FluidSIM 软件仿真 | 30 | 绘图不符合标准,每处扣 5 分 | |
| 3 | 安装气动系统正确 | 10 | 运动方向错误一次扣 5 分 | |
| 4 | 连接电路正确 | 10 | 每错一处扣 5 分 | |
| 5 | PLC 控制程序设计正确 | 10 | 每错一处扣 5 分 | |
| 6 | 气路的速度调试正确 | 10 | 速度变化方向错一次扣 5 分 | |
| 7 | 顺序动作回路正确 | 10 | 动作顺序错误一处扣 5 分 | |
| 8 | 安全、文明生产 | 10 | 违反安全文明生产规程扣 10 分 | |
| 备注 | 1. 超时 5 min 以内,扣得分 10%<br>2. 超时 5~10 min,扣得分 30%<br>3. 超时 10 min 以上,扣得分 50% | | | |

# 课 后 习 题

## 1. 分析题

(1) 自动钻床气压系统如图 7 - 4 所示,能实现"A 进(送料)→A 退回→B 进(夹紧)→

C 快进→C 工进(钻削)→C 快退→B 退(松开)→停止"。请回答图中使用了哪些气动元器件? 试列出此工作循环时电磁铁的状态于表 7-4 中。

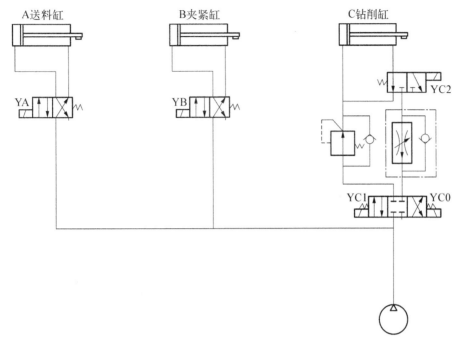

**图 7-4　自动钻床气压系统**

表 7-4

| 工作过程 | 电磁铁状态 | | | | |
| --- | --- | --- | --- | --- | --- |
| | YA | YB | YC0 | YC1 | YC2 |
| A 进(送料) | | | | | |
| A 退回 | | | | | |
| B 进(夹紧) | | | | | |
| C 快进 | | | | | |
| C 工进(钻削) | | | | | |
| C 快退 | | | | | |
| B 退(松开) | | | | | |
| 停止 | | | | | |

注: 电磁铁通电时填 0 或 +,断电时填 0 或 -。

(2) 如图 7-5 所示的气压传动系统,气压缸能够实现图中所示的动作循环,请回答图中使用了哪些气动元器件? 试填写表 7-5 中所列控制元件的动作顺序。

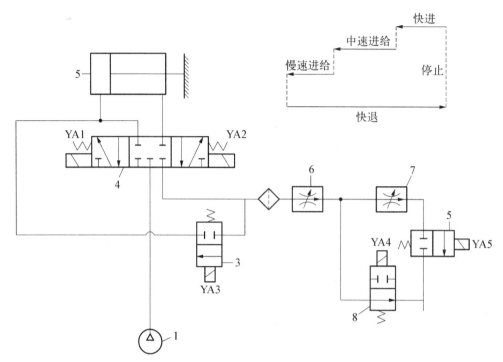

图 7-5  气压传动系统

表 7-5

| 动作循环 | 电磁铁状态 | | | | |
|---|---|---|---|---|---|
| | YA1 | YA2 | YA3 | YA4 | YA5 |
| 快　进 | | | | | |
| 中速进给 | | | | | |
| 慢速进给 | | | | | |
| 快　退 | | | | | |
| 停　止 | | | | | |

# 项目八 认识液压传动系统

 **项目描述**

从本项目开始,我们将学习液压传动系统。液压与气压传动在基本工作原理、元件的结构与回路的构成、分析方法上极为相似。主要的不同之处在于,气压传动系统是以气体作为工作介质,而液压系统则是以液体作为工作介质。液体几乎不可压缩,但气体却有较强的可压缩性。下面以液压千斤顶和平面磨床工作台为例让大家初步认识液压传动系统的基本组成和工作原理。

 **项目分析**

液压传动是以流体(一般为液压油)作为工作介质,进行能量传递和控制的一种传动形式。

液压传动的研究对象:工作介质→各种元件→(动力元件、执行元件、控制调节元件、辅助元件)→基本控制回路(由各种元件组成)→典型控制系统(由各种基本回路组成)。

讨论液压传动的工作原理可以从最简单的液压千斤顶入手,而理解液压传动的系统组成可从机床工作台液压传动系统进行分析。

 **知识目标**

1. 认识液压传动系统的特点。
2. 懂得液压传动系统的组成部分。
3. 初步理解液压传动系统的工作原理。

**能力目标**

1. 能简单描述液压千斤顶的工作原理。
2. 能简单描述机床工作台液压系统的工作原理。
3. 通过液压千斤顶和机床工作台液压系统两个例子,初步认识液压系统的组成、工作原理、与气动系统的异同。

# 任务一　液压千斤顶的工作原理

　　**任务引入**:要求借助液压千斤顶,通过手的力气将重量为 $G$ 的小汽车举起,计算人需要多大的力。

　　**任务分析**:在日常生活中,仅依靠人力是不可能举起重达几吨的小汽车的。要完成将小汽车举起的任务,液压系统必须能将人的力放大,那么液压系统是如何将较小的力转化为较大的力呢? 液压传动系统中是依靠什么作为工作介质来传递力的,对工作介质有何要求,又如何来选用? 下面就让我们一起学习液压传动系统输出力和工作介质的相关知识。

### 相关知识一: 液压千斤顶

(一) 液压千斤顶

　　液压千斤顶是一种简单的液压传动装置。如图 8-1 所示为液压千斤顶(又称油压千斤顶),是一种采用柱塞或液压缸作为刚性顶举件的举重设备。千斤顶起重高度小,通过顶部托座或底部托爪在行程内顶升重物。千斤顶主要用于厂矿、交通运输等部门作为车辆修理及其他起重、支撑等工作。其结构轻巧坚固、灵活可靠,一人即可携带和操作。

图 8-1　液压千斤顶

(二) 液压千斤顶的工作原理

　　图 8-2 为液压千斤顶的结构示意图,当向上提手柄 1 使小缸 2 内的活塞上移时,小缸下腔因容积增大而产生真空,油液从油箱 5 通过吸油阀 4 被吸入并充满小缸容积。当按压手柄使小缸活塞下移时,则刚才被吸入的油液通过压油阀 3 输到大缸 7 的下腔。油液被压缩,压力立即升高,当油液的压力升高到能克服作用在大活塞上的负载(重物)所需的压力值时,重物就随手柄 1 的下按而同时上升,此时吸油阀 4 是关闭的。为要把重物能

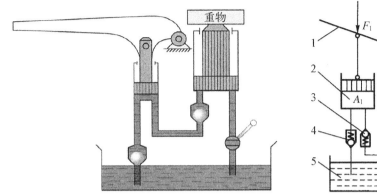
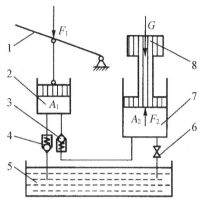

**图 8-2　液压千斤顶工作示意**

1-杠杆手柄；2-小油缸；3-压油阀；4-吸油阀；5-油箱；6-截止阀；7-大油缸；8-负载(重物)

从举高的位置放下，系统中专门设置了截止阀(放油阀)6。

通过液压千斤顶的例子可总结出液压传动的工作原理：在密闭的容器内，以液体为传动介质，依靠密封容积的变化来传递运动，依靠液体的静压力来传递动力。

液压千斤顶的系统中，小缸、小活塞以及单向阀 3 和 4 组合在一起，就可以不断从油箱中吸油和将油压入大缸，这个组合体的作用是向系统中提供一定量的压力油液，称为液压泵。大活塞和缸用于带动负载，使之获得所需运动及输出力，这个部分称为执行机构。放油阀门 6 的启闭决定执行元件是否向下运动，是一个方向控制阀。另外，要进行动力传输必须借助液压传动介质。

### 相关知识二：液压传动系统的基础知识

（一）液体静力学基础

1. 液体静压力及其特性

液体的静压力是指液体处于静止状态下单位面积上所受到的法向作用力，在物理学中称为压强，在工程实际中习惯上称为压力，即在面积 $\Delta A$ 上作用有法向力 $\Delta F$。

$$p = \lim_{\Delta A \to 0} \Delta F / \Delta A$$

若法向力均匀地作用在面积 $A$ 上，则压力表示为

$$p = F / A$$

式中：$A$ 为液体有效作用面积；$F$ 为液体有效作用面积 $A$ 上所受的法向力。

液体的静压力具有两个重要的特性：

（1）液体静压力的方向总是承压面的内法线方向。

（2）静止液体内任一点的液体静压力在各个方向上都相等。

2. 液体静力学基本方程式

由如图 8-3 所示静止液体压力分布规律得知，密度为 $\rho$ 的液体在容器内处于静止状

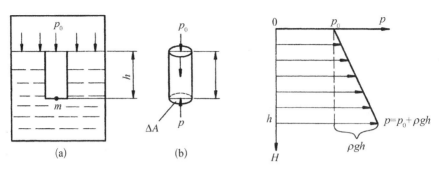

图 8-3  静压力的分布规律

态。求任意深度 $h$ 处的压力,可取垂直小液柱作为研究体,截面积为 $\Delta A$,高为 $h$。 液柱顶面受外加压力 $p_0$ 作用,液柱所受重力 $G = \rho g h \Delta A$,由于液柱处于平衡状态,在垂直方向上列出它的静力平衡方程式有:

$$p \Delta A = p_0 \Delta A + \rho g h \Delta A,\ 故 \ p = p_0 + \rho g h。$$

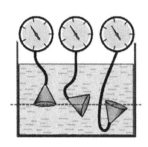

图 8-4
深度相同压力相等

结论:

(1)静止液体内任一点的压力由两部分组成:一部分是液面上的压力 $p_0$,另一部分是液体自重所引起的压力 $\rho g h$。

(2)静止液体内,由于液体自重而引起的那部分压力,随液深 $h$ 的增加而增大,即液体内的压力与液体深度成正比。

(3)连通容器内同一液体中,深度相同处各点的压力均相等(见图 8-4)。

【例 8-1】 如题图所示,已知油的密度 $\rho = 900\ \text{kg/m}^3$,活塞上的作用力 $F = 1\,000\ \text{N}$,活塞的面积 $A = 1 \times 10^{-3}\ \text{m}^2$,假设活塞的重量忽略不计。求活塞下方深度为 $h = 0.5\ \text{m}$ 处的压力等于多少?

【解】活塞与液体接触面上的压力

$$p_0 = \frac{F}{A} = \frac{1\,000\ \text{N}}{1 \times 10^{-3}\ \text{m}^2} = 10^6\ \text{N/m}^2$$

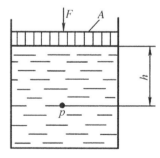

例题 8-1 图

深度为 $h$ 处的液体压力:

$$p = p_0 + \rho g h = 10^6\ \text{N/m}^2 + 900 \times 9.8 \times 0.5\ \text{N/m}^2 = (1 + 0.004\,4) \times 10^6\ \text{N/m}^2$$
$$= 1.004\,4 \times 10^6\ \text{N/m}^2 \approx 10^6\ \text{N/m}^2 = 10^6\ \text{Pa}$$

从例 8-1 可以看出,表面力形成的压力远远大于质量力形成的压力,因此,在液压传动系统中近似地认为整个液体内部的压力是处处相等的,并且等于表面力形成的压力。

3. 液体静压力的传递

在密闭容器中,由外力作用所产生的压力可以等值地传递到液体内所有各点,称为帕斯卡原理,或称静压力传递原理,液压传动就是在这个原理的基础上建立起来的。

在液压传动系统中,通常由外力产生的压力要比液体自重形成的压力大得多,可略去 $\rho g h$ 项不计,而认为静止液体中的压力处处相等。在分析液压传动系统的压力时,常用这一结论。如图 8-5 所示,由帕斯卡原理可得:

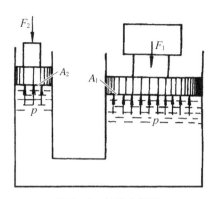

图 8-5　帕斯卡原理

$$F_1/A_1=F_2/A_2=p$$

若重力 $F_1=0$,则 $F_2$ 必为零,$F_1$ 力施加不上去,即负载为零时系统建立不起来压力。

由此得出重要结论:液压系统工作的压力取决于负载,而与流入的流体多少无关。

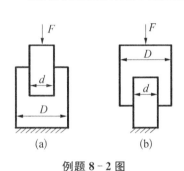

例题 8-2 图

【例 8-2】　液压缸直径 $D=150$ mm,柱塞直径 $d=100$ mm,液压缸中充满油液。如果柱塞上施加 $F=50\,000$ N 的作用力,不计油缸和柱塞的重量,求图示两种情况下液压缸中的压力分别等于多少?

【解】　如图(a)所示,柱塞受力平衡,假设液压缸中的压力等于 $p_1$,则

$$p_1\times\frac{\pi d^2}{4}=F$$

所以:
$$p_1=\frac{4F}{\pi d^2}=\frac{4\times50\,000}{3.14\times0.1^2}=6.37\times10^6\ \text{MPa}$$

如图(b)所示,柱塞缸受力平衡,假设液压缸中的压力等于 $p_2$,则

$$F+p_2\left(\frac{\pi D^2}{4}-\frac{\pi d^2}{4}\right)=p_2\frac{\pi D^2}{4}$$

所以:
$$p_2=\frac{4F}{\pi d^2}=\frac{4\times50\,000}{3.14\times0.1^2}=6.37\times10^6\ \text{MPa}$$

(二)液体动力学

1. 基本概念

1) 理想液体和稳定流动

(1) 理想液体:假定既无黏性又无压缩性的液体。

(2) 稳定流动:液体流动时,假定液体中任何一点的压力、速度和密度都不随时间而变化。

2) 流量和平均流速

通流截面:与流体流动方向相垂直的流体横截面,它可能是平面或曲面。

流量：单位时间内通过某通流截面的液体的体积。流量的常用代号为 $q$，单位为 $m^3/s$，实际中常用的单位为 $L/min$ 或 $mL/s$。

平均流速：如图 8-6 所示，假设通过某一通流截面上各点的流速均匀分布，液体以此均布流速 $v$ 流过此通流截面的流量等于以实际流速 $u$ 流过的流量，即

$$q = \int_A u\,\mathrm{d}A = vA$$

所以，通流截面上的平均流速：$v = \dfrac{q}{A}$。

结论：液压系统中，流速取决于流量。

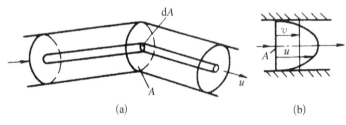

**图 8-6　流量和平均流速**

3）流动液体的压力

流动液体内任意点处的压力在各个方向上的数值可以看作是相等的。

2. 连续性方程

连续性方程是质量守恒定律在流体力学中一种表达形式。

如图 8-7 所示，理想流体作恒定流动时，任意管道内任取两个流通断面 $A_1$、$A_2$，流速分别为 $v_1$、$v_2$，则连续性方程为

$$q = v_1 A_1 = v_2 A_2 = 常数(m^3/s)$$

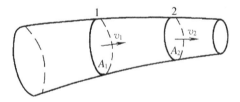

**图 8-7　连续性方程**

分析：

（1）同一流通管道中，流通截面对流量没有影响，流量恒定；

（2）同一流通管道中，$v \propto A$，$v\uparrow A\downarrow$，$v\downarrow A\uparrow$；

（3）$v = q/A$　用于计算管道中的流速；

$q = v_1 A_1 = v_2 A_2 = vA$　用于计算液压缸所需流量。

其物理意义是,在恒定流动的情况下,当不考虑流体的可压缩性时,流过管道各个过流断面的流量相等,因而流体的平均流速与过流断面面积成反比,即,当流量一定时,管子细的地方流速大,管子粗的地方流速小。

**【例8-3】** 如题图所示,已知流量 $q_1 = 25$ L/min,小活塞杆直径 $d_1 = 20$ mm,小活塞直径 $D_1 = 75$ mm,大活塞杆直径 $d_2 = 40$ mm,大活塞直径 $D_2 = 125$ mm,假设没有泄漏流量,求大小活塞的运动速度 $v_1$、$v_2$。

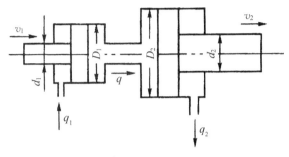

例题8-3图

**【解】** 根据液体在同一连通管道中作定常流动的连续方程 $q = vA$,求大小活塞的运动速度 $v_1$、$v_2$。

$$v_1 = \frac{q_1}{\frac{1}{4}\pi(D_1^2 - d_1^2)} = \frac{25 \text{ L/min}}{\frac{1}{4} \times 3.14 \times (75^2 - 20^2)\text{mm}^2} = 0.102 \text{ m/s}$$

$$v_2 = \frac{q}{\frac{1}{4}\pi D_2^2} = \frac{v_1 \times \frac{1}{4}\pi D_1^2}{\frac{1}{4}\pi D_2^2} = 0.037 \text{ m/s}$$

# 任务二　磨床的液压系统的工作原理

图8-8为平面磨床的外形图。磨床工作时,要求其工作台水平往复运动。实现工作台水平往复运动控制的是一套液压控制系统,图8-8是一台磨床的液压系统结构原理图。

**平面磨床工作台的工作原理**

如图8-9所示,磨床的液压系统工作时,液压泵4的作用是向系统提供一定流量的压力油。该泵由电机驱动,由一对相互啮合的齿轮来完成吸油和排油过程,是一种齿轮泵。虽然,它的结构和千斤顶的手动泵不同,但其功能都相同,都是向系统提供具有一定

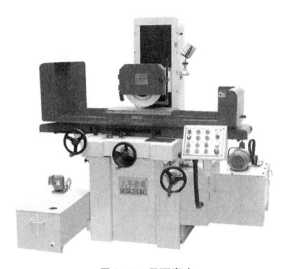

图 8-8　平面磨床

流量和压力的油液。

由液压泵输入的压力油通过手动换向阀 11,节流阀 13、换向阀 15 进入液压缸 18 的左腔,推动活塞 17 和工作台 19 向右移动,液压缸 18 右腔的油液经换向阀 15 排回油箱。

当手动换向阀 15 换向后,液压油进入液压缸 18 的右腔,推动活塞 17 和工作台 19 向左移动。当节流阀开大时,进入液压缸 18 的油液增多,工作台的移动速度增大;当节流阀关小时,工作台的移动速度减小。

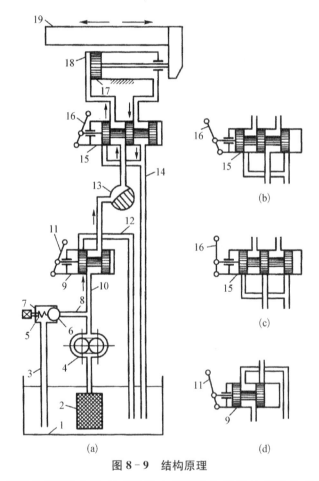

图 8-9　结构原理

1-油箱;2-过滤器;3,12,14-回油管;4-液压泵;5-弹簧;6-钢球;7-溢流阀;8,10-压力油管;9-手动换向阀;11,16-换向手柄;13-节流阀;15-换向阀;17-活塞;18-液压缸;19-工作台如果将手动换向阀9转换成如图8-9(c)所示的状态,液压泵输出的油液经手动换向阀9流回油箱,这时工作台停止运动,液压系统处于卸荷状态。

液压系统中工作的零部件都有一定的承载范围,当系统的工作压力超过这个承载范围时,就可能会出现安全事故,如管道爆裂、电机过热乃至烧毁等。液压系统一般采用设置安全阀的方法,来限制系统的最大工作压力,保护人身设备的安全。

除了前面讨论的各个环节外,液压系统要能正常工作,还必须有储存油的容器——油箱,连接各元器件的管道,过滤系统的油液,防止杂质进入泵和液压系统的过滤器,另外还有蓄能器、压力表等。

图8-9所示的液压系统图是一种半结构式的工作原理图。它直观性强,容易理解,但难于绘制。为了简化起见,在绘制液压系统图时一般采用规定的符号代表液压元件,这种符号称为职能符号。磨床工作台液压系统原理图如8-10所示。

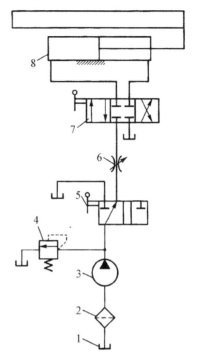

图8-10　磨床工作台液压系统

1-油箱;2-滤油器;3-液压泵;
4-溢流阀;5-开停阀;6-节流阀;
7-换向阀;8-液压缸

### 液压传动系统的组成

由平面磨床工作台液压系统的分析,可以看出,一个完整的液压系统主要由五个部分组成,即动力元件、执行元件、控制元件、辅助元件(附件)和工作介质。

(1)动力元件,即液压泵,其功能是将原动机的机械能转换为液体的压力动能(表现为压力、流量),其作用是为液压系统提供压力油,是系统的动力源。

(2)执行元件,指液压缸或液压马达,其功能是将液压能转换为机械能而对外做功,液压缸可驱动工作机构实现往复直线运动(或摆动),液压马达可完成回转运动。

(3)控制元件,指各种阀利用这些元件可以控制和调节液压系统中液体的压力、流量和方向等,以保证执行元件能按照人们预期的要求进行工作。

(4)辅助元件,包括油箱、滤油器、管路及接头、冷却器、压力表等。它们的作用是提供必要的条件使系统正常工作并便于监测控制。

(5)工作介质,即传动液体,通常称液压油。液压系统就是通过工作介质实现运动和动力传递的,另外液压油还可以对液压元件中相互运动的零件起润滑作用。

### 液压传动的特点

液压传动的优点

● 液压传动装置的重量轻、结构紧凑、惯性小。

- 功率-质量比大,力-质量比大,结构紧凑。
- 可在大范围内实现无级调速。调速范围大,可达 2 000 : 1。
- 传递运动均匀平稳,负载变化时速度较稳定。易于实现快速启动、制动和频繁换向。
- 液压装置易于实现过载保护。
- 操作控制方便,易于实现自动控制。
- 液压元件已实现了标准化、系列化和通用化,便于设计、制造和推广使用。

液压传动的缺点

- 液压系统中的漏油等因素,影响运动平稳性和正确性,使得液压传动不能保证严格的传动比。
- 液压传动对油温的变化比较敏感,不宜在温度变化很大的环境条件下工作。
- 为了减少泄漏,液压元件的配合件制造精度要求较高,加工工艺较复杂。
- 液压传动要求有单独的能源,不像电源那样使用方便。
- 液压系统发生故障不易检查和排除。

## 液压传动在工程中的应用

表 8-1　液压传动在工程中的应用

| 行 业 名 称 | 应 用 举 例 |
|---|---|
| 数控加工机械 | 数控车床、数控刨床、数控磨床、数控铣床、数控镗床、数控加工中心 |
| 起重运输机械 | 汽车吊、港口龙门吊、叉车、装卸机械、皮带运输机等 |
| 工程机械 | 挖掘机、装载机、推土机、压路机、铲运机等 |
| 建筑机械 | 打桩机、液压千斤顶、平地机、塔吊等 |
| 农业机械 | 联合收割机、拖拉机、农具悬挂系统等 |
| 冶金机械 | 电炉炉顶及电极升降机、轧钢机、压力机等 |
| 轻工机械 | 打包机、注塑机、校直机、橡胶硫化机、造纸机等 |
| 矿山机械 | 凿岩机、开掘机、开采机、破碎机、提升机、液压支架等 |
| 智能机械 | 折臂式小汽车装卸器、数字式体育锻炼机、模拟驾驶舱、机器人等 |
| 汽车工业 | 自卸式汽车、汽车吊、高空作业车、汽车转向器、减振器等 |
| 国防工业 | 飞机、坦克、舰艇、火炮、导弹发射架、雷达、大型液压机等 |
| 造船工业 | 船舶转向机、液压提升机、气象雷达、液压切割机、液压自动焊机等 |

# 任务三 液压泵和执行元件

## 一、液压泵

### (一) 液压泵概述

液压泵的工作原理：液压泵都是依靠密封容积变化的原理来进行工作的，故一般称为容积式液压泵，图 8-11 为单柱塞液压泵的工作原理图。

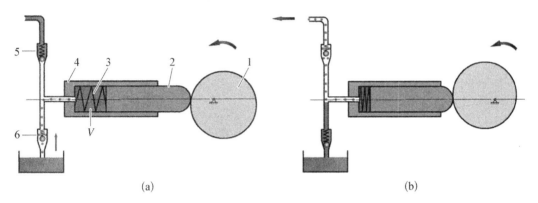

**图 8-11 单柱塞液压泵工作原理**

(a) 吸油　(b) 压油

柱塞 2 装在缸体 4 内，并可做左右移动，在弹簧 3 的作用下，柱塞 2 紧压在偏心轮 1 的外表面上。当电动机带动偏心轮旋转时，偏心轮推动柱塞左右运动，使密封容积 $V$ 的大小发生周期性的变化。当 $V$ 由小变大时就形成部分真空，使油箱中的油液在大气压的作用下，经吸油管顶开单向阀 6 进入油腔以实现吸油；反之，当 $V$ 由大变小时，油腔中吸满的油液将顶开单向阀 5 流入系统而实现压油。电动机带动偏心轮不断旋转，液压泵就不断地吸油和压油。

液压泵的分类：按泵的结构主要分为齿轮泵、叶片泵、柱塞泵三类；按额定压力的大小分为低压泵、中压泵和高压泵（见表 8-2）；按输出流量是否可调分为定量泵和变量泵。其中，齿轮泵和叶片泵多用于中、低压系统，柱塞泵多用于高压系统。

**表 8-2 液压泵的压力分级**

| 压力等级 | 低压 | 中压 | 中高压 | 高压 | 超高压 |
|---|---|---|---|---|---|
| 压力/MPa | ≤2.5 | >2.5~8 | >8~16 | >16~32 | >32 |

（二）液压泵的主要工作参数

1. 压力

（1）工作压力 $p$：液压泵在实际工作时输出油液的压力，工作压力由外负载决定。

（2）额定压力：液压泵在正常工作条件下，按试验标准规定能连续运转的最高压力。其大小受液压泵寿命限制，当工作压力大于额定压力时称为超载。

（3）最高允许压力：最高压力是指液压泵的可靠性寿命和泄漏所允许的最高间断压力。其作用时间不超过全部工作时间的 $1\%\sim2\%$，该压力由溢流阀设定通常情况下，液压泵的工作压力不等于其额定压力。

2. 排量和流量

（1）排量 $V$。 液压泵每转一周，由其密封容积几何尺寸变化计算而得的排出液体的体积叫液压泵的排量。

（2）理论流量 $q_i$。 理论流量是指在不考虑液压泵的泄漏流量的情况下，在单位时间内所排出的液体体积的平均值。显然，如果液压泵的排量为 $V$，其主轴转速为 $n$，则该液压泵的理论流量 $q_i$ 为：$q_i=n\cdot V$。

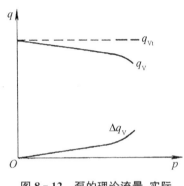

**图 8-12　泵的理论流量、实际流量与压力的关系**

（3）实际流量 $q$。 液压泵在某一具体工况下，单位时间内所排出的液体体积称为实际流量。

（4）额定流量 $q_n$。 液压泵在正常工作条件下，按试验标准规定（如在额定压力和额定转速下）必须保证的流量。

泵的理论流量、实际流量与压力的关系如图 8-12 所示。

3. 功率和效率

液压泵由电机驱动，输入量是转矩 $T$ 和转速 $\omega$（角速度），输出量是液体的压力和流量；液压马达则刚好相反，输入量为液体的压力和流量，输出量是转矩和转速（角速度）。如果不考虑液压泵在能量转换过程中的损失，则输出功率等于输入功率，也就是他们的理论功率是：$P_i=pq_i=pVn=T_i\omega=2\pi T_i n$。

（1）液压泵的功率损失。实际上，液压泵和液压马达在能量转换过程中是有损失的，因此输出功率小于输入功率。两者之间的差值即为功率损失，功率损失有容积损失和机械损失两部分。

（2）液压泵的功率。① 输入功率 $P_i$：液压泵的输入功率是指作用在液压泵主轴上的机械功率。当输入转矩为 $T_o$，角速度为 $\omega$ 时，有：$P_i=T_o\cdot\omega$。

② 输出功率 $P_o$：液压泵的输出功率是指液压泵在工作过程中的实际吸、压油口间的压差 $\Delta p$ 和输出流量 $q$ 的乘积，即：$P_o=\Delta p\cdot q$。 式中：$\Delta p$ 为液压泵吸、压油口之间的压力差（$N/m^2$）；$q$ 为液压泵的实际输出流量（$m^3/s$）；$P$ 为液压泵的输出功率（$N\cdot m/s$

或 W）。

（3）液压泵的总效率。液压泵的总效率是指液压泵的实际输出功率与其输入功率的比值，即：

$$\eta = \frac{P}{P_i} = \frac{\Delta pq}{T_o\omega} = \frac{\Delta pq_i\eta_v}{\dfrac{T_i\omega}{\eta_m}} = \eta_v\eta_m$$

其中 $T_i$ 为理论输入转矩。

（三）齿轮泵

齿轮泵按结构形式可分为外啮合和内啮合两种，常用的是外啮合齿轮泵。图 8-13 为齿轮泵的实物图。

1）外啮合齿轮泵的基本结构及工作原理

外啮合齿轮泵的基本结构如图 8-14 所示。它是分离三片式结构，三片是指前后泵盖和泵体，泵体内装有一对齿数相同、宽度和泵体接近而又互相啮合的齿轮，这对齿轮与两端盖和泵体形成一密封腔，并由齿轮的齿顶和啮合线把密封腔划分为两部分，即吸油腔和压油腔。两齿轮分别用键固定在由滚针轴承支承的主动轴和从动轴上，主动轴由电动机带动旋转。

图 8-13　齿轮泵

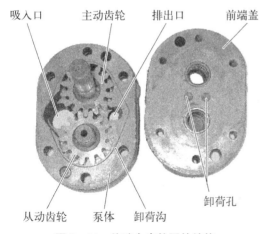

图 8-14　外啮合齿轮泵的结构

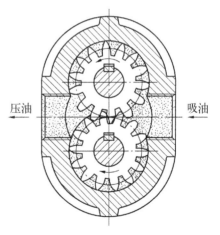

图 8-15　外啮合齿轮泵的工作示意

如图 8-15 所示为外啮合齿轮泵的工作原理示意图。一对齿轮相互啮合，由于齿轮的齿顶和壳体内孔表面间隙很小，齿轮端面和泵盖间隙很小，因而把吸油腔和压油腔分开，当齿轮按图示方法旋转时，以下两个方面的动作同时产生：（1）啮合点右侧啮合着的齿逐渐退出啮合，同时齿间的油液由吸油腔带往压油腔，使得吸油腔间隙增大，形成局部真空，油箱中的油液在外界大气压作用下进入吸油腔；（2）齿间油液由吸油腔带入高压腔的同时,啮合点左侧的齿逐渐进入啮合,把齿间的油液挤出来,从压油口强迫流出。这就是齿轮泵吸油和压油的过程,当齿轮泵不断地旋转时,齿轮泵就不断地吸油和压油。

2) 齿轮泵存在的问题

(1) 齿轮泵的泄漏问题。齿轮泵的泄漏途径:一为齿轮端面与泵盖间的轴向间隙,二为齿轮齿顶圆与泵体内孔间的径向间隙,三为两齿轮的齿面啮合处。第一点为外啮合齿轮泵泄漏的最主要原因,故不适合用作高压泵。

(2) 齿轮泵的困油问题。如图8-16所示,随着齿轮的转动,在两对啮合齿轮之间产生一个封闭的容积I,称为困油区。油液处于困油区中,需要排油时无处可排,而需要被充油时又无法补充,这种现象称为困油现象。困油区的容积大小随啮合位置而发生变化(见图中a→b→c的变化)。当容积缩小时,由于无法排油,困油区的油液受到挤压,压力急剧升高;随着齿轮的继续转动,闭死容积又逐渐变大,由于无法补油,困油区形成局部真空。困油现象严重影响泵的工作平稳性和使用寿命。

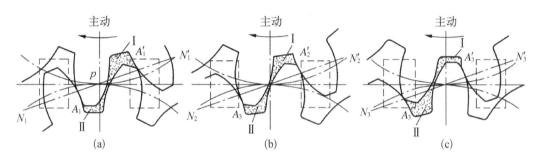

图8-16　齿轮泵困油现象的形成

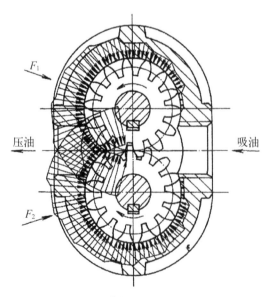

图8-17　齿轮泵的径向不平衡力

(3) 齿轮泵的径向不平衡力。如图8-17所示,齿轮泵工作时,在齿轮和轴承上承受径向液压力的作用。如图所示,泵的右侧为吸油腔,左侧为压油腔。在压油腔内有液压力作用于齿轮上,沿着齿顶的泄漏油,具有大小不等的压力,就是齿轮和轴承受到的径向不平衡力。液压力越高,这个不平衡力就越大,其结果不仅加速了轴承的磨损,降低了轴承的寿命,甚至使轴变形,造成齿顶和泵体内壁的摩擦等。

(4) 齿轮泵的流量计算。齿轮泵的实际输出流量 $q(\text{L/min})$ 为

$$q = 6.66 Z m^2 B n \eta_v$$

式中：$n$ 为齿轮泵转速/r/min；$Z$ 为齿数；$B$ 为齿宽；$m$ 为模数；$\eta_v$ 为齿轮泵的容积效率。

（5）齿轮泵的特点。齿轮泵是液压泵中结构最简单的一种泵，它的抗污染能力强，价格最便宜。因齿轮泵是对称的旋转体，故允许转速较高。但一般齿轮泵容积效率较低，轴承上不平衡力大，工作压力不高。齿轮泵的另一个重要缺点是流量脉动大，运行时噪声水平较高，排量不可调。故在一般机械上被广泛使用。

（四）叶片泵

1. 单作用叶片泵

1）单作用叶片泵的工作原理

图 8-18、图 8-19 分别是单作用叶片泵的外形及内部结构简图。泵由转子 1、定子 2、叶片 3、配油盘和端盖（图中未示）等部件组成。定子的内表面是圆柱形孔。转子和定子之间存在着偏心 $e$。叶片在转子的槽内可灵活滑动，在转子转动时的离心力以及通入叶片根部压力油的作用下，叶片顶部贴紧在定子内表面上，于是两相邻叶片、配油盘、定子和转子间便形成了一个个密封的工作腔。当转子按逆时针方向旋转时，图右侧的叶片向外伸出，密封工作腔容积逐渐增大，产生真空，于是通过吸油口和配油盘上的窗口将油吸入。而在图的左侧。叶片往里缩进，密封腔的容积逐渐缩小，密封腔中的油液经配油盘另一窗口和压油口被压出而输出到系统中去。这种泵在转子转一转过程中，吸油压油各一次，故称单作用泵。转子受到径向液压不平衡作用力，故又称非平衡式泵，其轴承负载较大。改变定子和转子间的偏心量，便可改变泵的排量，故这种泵都是变量泵。

图 8-18  叶片泵外形

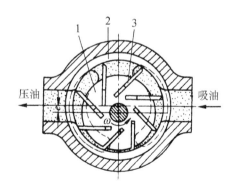

图 8-19  单作用叶片泵工作原理
1-转子；2-定子；3-叶片

2）单作用叶片泵的流量计算

泵的实际输出流量为

$$q = 2\pi BeDn\eta_v$$

式中：$B$ 为叶片宽度；$e$ 为转子与定子偏心距；$D$ 为定子内径；$n$ 为泵的转速；$\eta_v$ 为泵的容积效率。

3）特点

（1）改变定子和转子之间的偏心便可改变流量。偏心反向时，吸油压油方向也相反；

（2）处在压油腔的叶片顶部受到压力油的作用，该作用要把叶片推入转子槽内；

（3）由于转子受到不平衡的径向液压作用力，所以这种泵一般不宜用于高压；

（4）为了更有利于叶片在惯性力作用下向外伸出，而使叶片有一个与旋转方向相反的倾斜角，称后倾角，一般为 $24°$。

2．双作用叶片泵

1）双作用叶片泵的工作原理

双作用叶片泵的工作原理如图 8 - 20 所示。该泵主要由定子 4、转子 3、叶片 5 及装在它们两侧的配流盘 1 组成。定子内表面形似椭圆，由两段半径为 $R$ 的大圆弧、两段半径为 $r$ 的小圆弧和四段过渡曲线组成。定子和转子的中心重合。在转子上沿圆周均布的若干个槽内分别安放有叶片，这些叶片可沿槽作径向滑动。在配流盘上，对应于定子四段过渡曲线的位置开有四个腰形配流窗口，其中两个窗口与泵的吸油口连通，为吸油窗口；另两个窗口与压油口连通，为压油窗口。

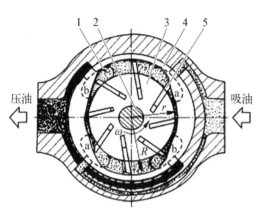

图 8 - 20　双作用叶片泵的工作原理

1—配流盘；2—轴；3—转子；4—定子；5—叶片

当转子由轴带动按图示方向旋转时，叶片在自身离心力和由压油腔引至叶片根部的高压油作用下贴紧定子内表面，并在转子槽内往复滑动。当叶片由定子小半径 $r$ 处向定子大半径 $R$ 处运动时，相邻两叶片间的密封腔容积就逐渐增大，形成局部真空而经过窗口 a 吸油；当叶片由定子大半径 $R$ 处向定子小半径 $r$ 处运动时，相邻两叶片间的密封腔容积就逐渐减小，便通过窗口 b 压油。转子每转一周，每一叶片往复滑动两次，因而吸、压油作用发生两次，故这种泵称为双作用叶片泵。又因吸、压油口对称分布，作用在转子和轴承上的径向液压力相平衡，所以这种泵又称为平衡式叶片泵。

2）叶片泵的优缺点及其应用

主要优点：

（1）输出流量比齿轮泵均匀，运转平稳，噪声小。

（2）工作压力较高，容积效率也较高。

（3）单作用式叶片泵易于实现流量调节，双作用式叶片泵则因转子所受径向液压力平衡，使用寿命长。

（4）结构紧凑，轮廓尺寸小而流量较大。

主要缺点：

（1）自吸性能较齿轮泵差，对吸油条件要求较严，其转速范围必须在 $500\sim1\,500\ \text{r/min}$ 范围内。

（2）对油液污染较敏感，叶片容易被油液中杂质卡死，工作可靠性较差。

（3）结构较复杂，零件制造精度要求较高，价格较高。

叶片泵一般用在中压（$6.3\ \text{MPa}$）液压系统中，主要用于机床控制，特别是双作用式叶片泵因流量脉动很小，因此在精密机床中得到广泛使用。

（五）柱塞泵

1）轴向柱塞泵的工作原理

图 8-21 为轴向柱塞泵的外形。轴向柱塞泵有两种形式，直轴式（斜盘式）和斜轴式（摆缸式）。

斜盘式轴向柱塞泵的工作原理如图 8-22 所示。轴向柱塞泵的柱塞都沿缸体轴向布置，并均匀分布在缸体的圆周上。它主要由斜盘1、柱塞3、缸体2、配流盘4等件组成。泵传动轴中心线与缸体中心线重合，斜盘与缸体间有一倾角 $\gamma$，配流盘上有两个窗口。缸体由轴5带动旋转，斜盘和配流盘固定不动，在弹簧6的作用下，柱塞头部始终紧贴斜

图 8-21　轴向柱塞泵的外形

盘。当缸体按图示方向旋转时，由于斜盘和弹簧的共同作用，使柱塞产生往复运动，各柱塞与缸体间的密封腔容积便发生增大或缩小的变化，通过配流盘上的吸油和压油窗口实现吸油和压油。缸体每转一周，每个柱塞各完成吸、压油一次。如改变斜盘倾角，就能改变柱塞行程的长度，即改变液压泵的排量，改变斜盘倾角方向，就能改变吸油和压油的方向，即成为双向变量泵。

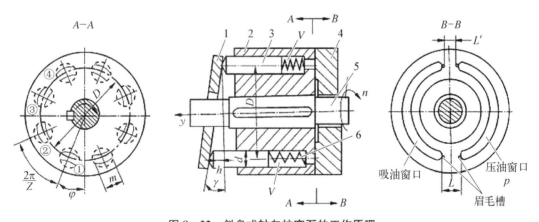

图 8-22　斜盘式轴向柱塞泵的工作原理

1—斜盘；2—缸体；3—柱塞；4—配流盘；5—轴；6—弹簧

由于配流盘上吸、压油窗口之间的过渡区的长度 $L$ 必须大于缸体上柱塞根部的吸、压油腰形孔的长度 $m$,即 $L>m$,故当柱塞根部密封腔转至过渡区时会产生困油,为减少所引起的振动和噪声,可在配流盘的端面上开眉毛槽,如图中 $B\text{-}B$ 视图所示。

2)轴向柱塞泵的排量和流量计算

轴向柱塞泵的实际数输出流量为

$$q = \frac{\pi}{4}d^2 D(\tan \gamma)Zn\eta_v$$

式中: $d$ 为柱塞直径; $\eta_v$ 为容积效率; $\gamma$ 为斜盘轴线与缸体轴线间的夹角; $Z$ 为柱塞数。其余符号意义同前。

实际上,由于柱塞在缸体孔中运动的速度不是恒速的,因而输出流量是有脉动的,当柱塞数为奇数时,脉动较小,且柱塞数多脉动也较小,因而一般常用的柱塞泵的柱塞个数为 7、9 或 11。

3)轴向柱塞泵的特点

可以看出,柱塞泵是依靠柱塞在缸体内作往复运动,使密封容积产生周期性变化而实现吸油和压油的。其中柱塞与缸体内孔均为圆柱面,易达到高精度的配合,故该泵的泄漏少,容积效率高。若要改变轴向柱塞泵的输出流量,只要改变斜盘的倾角,即可改变轴向柱塞泵的排量和输出流量。这种变量机构结构简单,但操纵不轻便,且不能在工作过程中变量。

柱塞泵常用于需要高压大流量和流量需要调节的液压系统。如龙门刨床、拉床、液压机、起重机械等设备的液压系统。

(六)液压泵的选用

选择液压泵的原则是:根据主机工况、功率大小和系统对工作性能的要求,首先确定液压泵的类型,然后按系统所要求的压力、流量大小确定其规格型号。如表 8-3 所示列出了液压系统中常用液压泵的主要性能。

表 8-3    液压系统中常用液压泵的性能比较

| 性　　能 | 外啮合齿轮泵 | 双作用叶片泵 | 限压式变量叶片泵 | 径向柱塞泵 | 轴向柱塞泵 |
|---|---|---|---|---|---|
| 输出压力 | 低压 | 中压 | 中压 | 高压 | 高压 |
| 流量调节 | 不能 | 不能 | 能 | 能 | 能 |
| 效　　率 | 低 | 较高 | 较高 | 高 | 高 |
| 输出流量脉动 | 很大 | 很小 | 一般 | 一般 | 一般 |
| 自吸特性 | 好 | 较差 | 较差 | 差 | 差 |
| 对油的污染敏感性 | 不敏感 | 较敏感 | 较敏感 | 很敏感 | 很敏感 |
| 噪声 | 大 | 小 | 较大 | 大 | 大 |

　　一般来说,由于各类液压泵各自突出的特点,其结构、功用和动转方式各不相同,因此应根据不同的使用场合选择合适的液压泵。一般在机床液压系统中,往往选用双作用叶片泵和限压式变量叶片泵;而在筑路机械、港口机械以及小型工程机械中往往选择抗污染能力较强的齿轮泵;在负载大、功率大的场合往往选择柱塞泵。

## 二、液压马达

　　液压马达是执行元件,它将液体的压力能转换为机械能,输出转矩和转速。由于液压马达与液压泵的使用目的不一样,导致了两者在结构上的某些差异。图 8-23 为常见的各种液压马达的外观。

图 8-23　各种液压马达的外形

　　1. 液压马达的分类

　　液压马达与液压泵一样,按其结构形式分为齿轮式、叶片式和柱塞式;按其排量是否可调分为定量式和变量式。

　　液压马达一般根据其转速来分类,有高速液压马达和低速液压马达两类。一般认为,额定转速高于 500 r/min 的马达属于高速液压马达;额定转速低于 500 r/min 的马达属于低速液压马达。低速液压马达的输出转矩较大,所以又称为低速大转矩液压马达。低速液压马达的主要缺点是:体积大,转动惯量大,制动较为困难。

　　2. 液压马达的工作原理和图形符号

　　以叶片式液压马达为例,通常是双作用的,其工作原理如图 8-24 所示。叶片式液压马达一般都是双向定量液压马达。

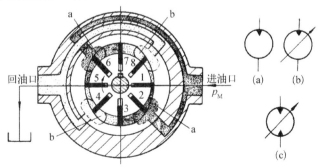

图 8-24　叶片式液压马达的结构及符号

为保证叶片马达能正、反转,叶片沿转子径向安放,进、回油口通径一样大,同时叶片根部必须与进油腔相通,使叶片与定子内表面紧密接触,在泵体内装有两个单向阀。

3. 液压马达的结构特点

(1) 液压马达是依靠输入压力油来启动的,密封容腔必须有可靠的密封。

(2) 液压马达往往要求能正、反转,因此它的配流机构应该对称,进出油口的大小相等。

(3) 液压马达是依靠泵输出压力来进行工作的,不需要具备自吸能力。

(4) 液压马达要实现双向转动,高低压油口要能相互变换,故采用外泄式结构。

(5) 液压马达应有较大的启动转矩,为使启动转矩尽可能接近工作状态下的转矩,要求马达的转矩脉动小,内部摩擦小,齿数、叶片数、柱塞数比泵多一些。同时,马达轴向间隙补偿装置的压紧力系数也比泵小,以减小摩擦。

虽然马达和泵的工作原理是可逆的,由于上述原因,同类型的泵和马达一般不能通用。

### 三、液压缸

液压缸是液压系统中的执行元件。它的作用是将液体的压力能转变为运动部件的机械能,使运动部件实现往复直线运动或摆动。图 8 - 25 展示了各种常见的液压缸的外观。液压缸的分类如图 8 - 26 所示。

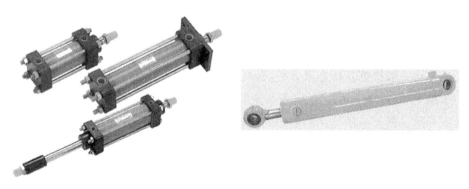

**图 8 - 25    活塞式液压缸的外形**

$$
\text{按结构特点分类}
\begin{cases}
\left.\begin{array}{l}\text{活塞缸} \\ \text{柱塞缸}\end{array}\right\} \text{实现直线运动,输出推力和速度} \\[2mm]
\text{摆动缸}\begin{cases}\text{摆动缸用以实现小于 360°的转动,} \\ \text{输出转矩和角速度}\end{cases}
\end{cases}
$$

$$
\text{按作用方式分类}
\begin{cases}
\text{双作用式}\begin{cases}\text{两个方向的运动都是由压力油} \\ \text{控制实现的}\end{cases} \\[2mm]
\text{单作用式}\begin{cases}\text{只能使活塞(或柱塞)单方向运动,其反向运动} \\ \text{必须依靠外力(如弹簧力或自重等)实现}\end{cases}
\end{cases}
$$

**图 8 - 26    液压缸的分类**

（一）活塞式液压缸

活塞式液压缸根据其使用要求不同可分为双杆式和单杆式两种。

（1）双杆式活塞缸。活塞两端都有一根直径相等的活塞杆伸出的液压缸称为双杆式活塞缸，它一般由缸体、缸盖、活塞、活塞杆和密封件等零件构成。根据安装方式不同可分为缸筒固定式和活塞杆固定式两种。

图8-27(a)为缸筒固定式的双杆活塞缸。它的进、出口布置在缸筒两端，活塞通过活塞杆带动工作台移动，一般适用于小型机床，当工作台行程要求较长时，可采用图8-27(b)所示的活塞杆固定的形式。这种安装形式中，工作台的移动范围只等于液压缸有效行程 $l$ 的两倍($2l$)，因此占地面积小。进出油口可以设置在固定不动的空心活塞杆的两端，但必须使用软管连接。

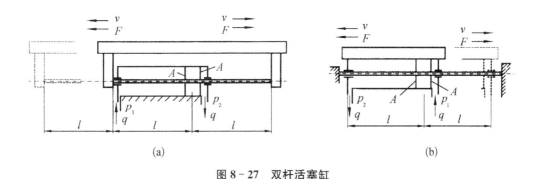

**图8-27 双杆活塞缸**

由于双杆活塞缸两端的活塞杆直径通常是相等的，因此它左、右两腔的有效面积也相等，当分别向左、右腔输入相同压力和相同流量的油液时，液压缸左、右两个方向的推力和速度相等。当活塞的直径为 $D$，活塞杆的直径为 $d$，液压缸进、出油腔的压力为 $p_1$ 和 $p_2$，输入流量为 $q$ 时，双杆活塞缸的推力 $F$ 和速度 $v$ 为

$$F = Ap = \frac{p(D^2 - d^2)}{4}(p_1 - p_2)$$

$$v = \frac{q}{A} = \frac{4q}{p(D^2 - d^2)}$$

式中：$A$ 为活塞的有效工作面积。

双杆活塞缸在工作时，设计成一个活塞杆是受拉的，而另一个活塞杆不受力，因此这种液压缸的活塞杆可以做得细些。

（2）单杆式活塞缸。如图8-28所示，活塞只有一端带活塞杆，单杆液压缸也有缸体固定和活塞杆固定两种形式，但它们的工作台移动范围都是活塞有效行程的两倍。

由于液压缸两腔的有效工作面积不等，因此它在两个方向上的输出推力和速度也不等，其值分别为

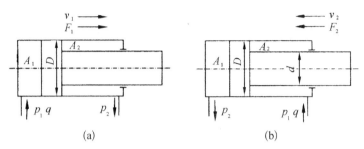

图 8-28 单杆式活塞缸

$$F_1 = A_1 p_1 - A_2 p_2 = \frac{pD^2}{4} p_1 - \frac{p(D-d)^2}{4} p_2$$

$$v_1 = \frac{q}{A_1} = \frac{4q}{pD^2}$$

$$F_2 = A_2 p_1 - A_1 p_2 = \frac{p(D^2-d^2)}{4} p_1 - \frac{pD^2}{4} p_2$$

$$v_2 = \frac{q}{A_2} = \frac{4q}{p(D^2-d^2)}$$

（3）差动油缸。单杆活塞缸在其左右两腔都接通高压油时称为"差动连接"，如图 8-29 所示。差动连接缸左右两腔的油液压力相同，但是由于左腔（无杆腔）的有效面积大于右腔（有杆腔）的有效面积，故活塞向右运动，同时使右腔中排出的油液（流量为 $q'$）也进入左腔，加大了流入左腔的流量（$q+q'$），从而也加快了活塞移动的速度。实际上活塞在运动时，由于差动连接时两腔间的管路中有压力损失，所以右腔中油液的压力稍大于左腔油液压力，而这个差值一般都较小，可以忽略不计，则差动连接时活塞推力 $F_3$ 和运动速度 $v_3$ 为

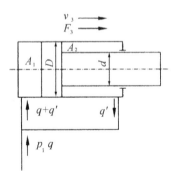

图 8-29 差动油缸

$$F_3 = (A_1 - A_2) p = \frac{pd^2}{4} p$$

$$v_3 = \frac{q}{A_1 - A_2} = \frac{4q}{pd^2}$$

（二）柱塞缸

图 8-30（a）为柱塞缸，它只能实现一个方向的液压传动，反向运动要靠外力。若需要实现双向运动，则必须成对使用。如图 8-30（b）所示，这种液压缸中的柱塞和缸筒不接触，运动时由缸盖上的导向套来导向，因此缸筒的内壁不需精加工，它特别适用于行程较长的场合。

柱塞缸输出的推力和速度各为

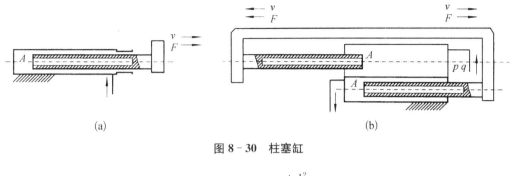

图 8-30 柱塞缸

$$F = pA = p\frac{pd^2}{4}$$

$$v_i = \frac{q}{A} = \frac{4q}{pd^2}$$

（三）液压缸的典型结构和组成

1. 液压缸的典型结构举例

图 8-31 是一个较常用的双作用单活塞杆液压缸。它是由缸底 20、缸筒 10、缸盖兼导向套 9、活塞 11 和活塞杆 18 组成。缸筒一端与缸底焊接，另一端缸盖（导向套）与缸筒用卡键 6、套 5 和弹簧挡圈 4 固定，以便拆装检修，两端设有油口 A 和 B。活塞 11 与活塞杆 18 利用卡键 15、卡键帽 16 和弹簧挡圈 17 连在一起。活塞与缸孔的密封采用的是一对 Y 形聚氨酯密封圈 12，由于活塞与缸孔有一定间隙，采用由尼龙 1010 制成的耐磨环（又叫支承环）13 定心导向。杆 18 和活塞 11 的内孔由密封圈 14 密封。较长的导向套 9 则可保证活塞杆不偏离中心，导向套外径由 O 形圈 7 密封，而其内孔则由 Y 形密封圈 8 和防尘圈 3 分别防止油外漏和灰尘带入缸内。缸与杆端销孔与外界连接，销孔内有尼龙衬套抗磨。

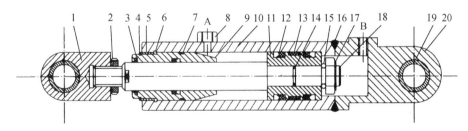

图 8-31 双作用单活塞杆液压缸

1-耳环；2-螺母；3-防尘圈；4、17-弹簧挡圈；5-套；6、15-卡键；
7、14-O 形密封圈；8、12-Y 形密封圈；9-缸盖兼导向套；10-缸筒；
11-活塞；13-耐磨环；16-卡键帽；18-活塞杆；19-衬套；20-缸底

2. 液压缸的组成

从上面所述的液压缸典型结构中可以看到，液压缸的结构基本上可以分为缸筒和缸盖、活塞和活塞杆、密封装置、缓冲装置和排气装置五个部分。

 项目小结

液压传动是以流体(液压油)为工作介质进行能量传递和控制的一种传动形式。液压传动包括液压传动和液力传动。其中液压传动主要以液体压力能来传递动力;液力传动主要以液体动能来传递动力。液压传动的系统组成:动力装置、执行装置、控制调节装置、辅助装置及传动介质。

本项目通过对液压千斤顶的工作原理的介绍,阐述了液压系统的组成,并介绍了液压系统元件的功能及用途。并进一步通过对机床液压系统的工作原理的分析,介绍了液压系统的图形符号的表示方法,液压系统的应用及工作原理。

 实践训练

分别在 FluidSIM 及宇龙仿真软件上,绘制出平面磨床工作台液压系统图。

**任务考核与评价**

表 8 – 4　任务实施工作任务单

| 姓名 | | 班级 | | 组别 | | 日期 | |
|---|---|---|---|---|---|---|---|
| 任务名称 | | 平面磨床液压系统分析 | | | | | |
| 工作任务 | | 分析平面磨床液压系统的原理、工作特点 | | | | | |
| 任务描述 | | 在计算机上利用 FluidSIM 软件对平面磨床液压系统进行建模与仿真分析 | | | | | |
| 任务要求 | | 1. 使用仿真软件,正确选用和连接元器件,构建出液压系统图 | | | | | |
| | | 2. 调试各子功能回路,完成系统所需的功能动作 | | | | | |
| | | 3. 调节压力、速度、方向,观察执行液压缸的工作状况变化 | | | | | |
| 提交成果 | | 1. 平面磨床液压系统原理图 | | | | | |
| | | 2. 平面磨床液压系统的调试分析报告 | | | | | |
| 考核评价 | 序号 | 考核内容 | | 配分 | 评分标准 | | 得分 |
| | 1 | 职业素养 | | 10 | 遵守安全规章、制度,正确使用工具 | | |
| | 2 | 绘制液压系统原理图 | | 20 | 图形绘制正确,符号规范 | | |
| | 3 | 回路正确连接 | | 10 | 元器件连接有序正确 | | |
| | 4 | 系统运行调试 | | 50 | 系统运行平稳,能满足工作要求 | | |
| | 5 | 团队协作 | | 10 | 与他人合作有效 | | |
| 指导教师 | | | | | 总　分 | | |

**拓展知识**

一、液压传动介质及性质

液压传动的工作介质是液压油或其他合成液体。

1. 密度 $\rho$　　$\rho = m/V$　$[kg/m^3]$

一般矿物油的密度为 $850 \sim 950\ kg/m^3$

2. 液体的可压缩性

液体受压力作用而体积减小的特性称为液体的可压缩性。

体积压缩系数　　$\beta = -\Delta V/\Delta p V_0$

体积弹性模量　　$K = 1/\beta$

3. 液体的黏性

液体在外力作用下流动时,由于液体分子间的内聚力而产生一种阻碍液体分子之间进行相对运动的内摩擦力,液体的这种产生内摩擦力的性质称为液体的黏性。黏性的大小可用黏度来衡量,黏度是选择液压油的主要指标。

机械油的牌号上所标明的号数就是表明以厘斯为单位的,在温度 40℃ 时运动黏度 $\nu$ 的平均值。例如 10 号机械油指明该油在 40℃ 时其运动黏度 $\nu$ 的平均值是 10 cSt。所以从机械油的牌号即可知道该油的运动黏度。

压力对黏度的影响。

在一般情况下,压力对黏度的影响比较小,在工程中当压力低于 5 MPa 时,黏度值的变化很小,可以不考虑。当液体所受的压力加大时,分子之间的距离缩小,内聚力增大,其黏度也随之增大。因此,在压力很高以及压力变化很大的情况下,黏度值的变化就不能忽视。

温度对黏度的影响。

液压油黏度对温度的变化是十分敏感的,当温度升高时,其分子之间的内聚力减小,黏度就随之降低。不同种类的液压油,它的黏度随温度变化的规律也不同。我国常用黏温图表示油液黏度随温度变化的关系。应选用黏温特性较好的液压油。

4. 液压油的类型与选用

液压油是液压传动系统中的传动介质,而且还对液压装置的机构、零件起着润滑、冷却和防锈作用。液压传动系统的压力、温度和流速在很大的范围内变化,因此液压油的质量优劣直接影响液压系统的工作性能。故合理选用液压油很重要。

1) 对液压油的性能要求

液压油是液压传动系统的重要组成部分,是用来传递能量的工作介质。除了传递能量外,它还起着润滑运动部件和保护金属不被锈蚀的作用。液压油的质量及其各种性能将直接影响液压系统的工作。液压系统对油液的要求为:

(1) 适宜的黏度和良好的黏温性能;

(2) 润滑性能好;

（3）良好的化学稳定性；

（4）对液压装置及相对运动的元件具有良好的润滑性；

（5）对金属材料具有防锈性和防腐性；

（6）比热、热传导率大，热膨胀系数小；

（7）抗泡沫性好，抗乳化性好；

（8）油液纯净，含杂质量少；

（9）流动点和凝固点低，闪点和燃点高。

此外，对油液的无毒性、价格便宜等，也应根据不同的情况有所要求。

2）液压油的选用

正确而合理地选用液压油，乃是保证液压设备高效率正常运转的前提。

选用液压油时，可根据液压元件生产厂样本和说明书所推荐的品种号数来选用液压油，或者根据液压系统的工作压力、工作温度、液压元件种类及经济性等因素全面考虑，一般是先确定适用的黏度范围，再选择合适的液压油品种。同时还要考虑液压系统工作条件的特殊要求，如在寒冷地区工作的系统则要求油的黏度指数高、低温流动性好、凝固点低；伺服系统则要求油质纯、压缩性小；高压系统则要求油液抗磨性好。在选用液压油时，黏度是一个重要的参数。黏度的高低将影响运动部件的润滑、缝隙的泄漏以及流动时的压力损失、系统的发热温升等。所以，在环境温度较高，工作压力高或运动速度较低时，为减少泄漏，应选用黏度较高的液压油，否则相反。

5. 液压油的污染与防护

液压油是否清洁，不仅影响液压系统的工作性能和液压元件的使用寿命，而且直接关系到液压系统是否能正常工作。液压系统多数故障与液压油受到污染有关，因此控制液压油的污染是十分重要的。

1）液压油被污染的原因

（1）液压系统的管道及液压元件内的型砂、切屑、磨料、焊渣、锈片、灰尘等污垢在系统使用前冲洗时未被洗干净，在液压系统工作时，这些污垢就进入到液压油里。

（2）外界的灰尘、砂粒等，在液压系统工作过程中通过往复伸缩的活塞杆，流回油箱的漏油等进入液压油里。另外在检修时，稍不注意也会使灰尘、棉绒等进入液压油里。

（3）液压系统本身也不断地产生污垢，而直接进入液压油里，如金属和密封材料的磨损颗粒，过滤材料脱落的颗粒或纤维及油液因油温升高氧化变质而生成的胶状物等。

2）油液污染的危害

液压油污染严重时，直接影响液压系统的工作性能，使液压系统经常发生故障，使液压元件寿命缩短。造成这些危害的原因主要是污垢中的颗粒。对于液压元件来说，由于这些固体颗粒进入到元件里，会使元件的滑动部分磨损加剧，并可能堵塞液压元件里的节流孔、阻尼孔，或使阀芯卡死，从而造成液压系统的故障。水分和空气的混入使液压油的润滑能力降低并使它加速氧化变质，产生气蚀，使液压元件加速腐蚀，使液压系统出现振动、爬行等。

3) 防止污染的措施

造成液压油污染的原因多而复杂,液压油自身又在不断地产生脏物,因此要彻底解决液压油的污染问题是很困难的。为了延长液压元件的寿命,保证液压系统可靠地工作,将液压油的污染度控制在某一限度以内是较为切实可行的办法。对液压油的污染控制工作主要是从两个方面着手:一是防止污染物侵入液压系统;二是把已经侵入的污染物从系统中清除出去;三是定期换油。污染控制要贯穿于整个液压装置的设计、制造、安装、使用、维护和修理等各个阶段。

## 课 后 习 题

**1. 填空题**

(1) 液压与气压传动是以_____为工作介质进行能量传递和控制的一种传动形式。

(2) 液压传动系统主要由_____、_____、_____、_____及传动介质等部分组成。

(3) 能源装置是把_____转换成流体的压力能的装置,执行装置是把流体的_____转换成机械能的装置,控制调节装置是对液(气)压系统中流体的压力、流量和流动方向进行_____的装置。

**2. 判断题**

(1) 液压传动不容易获得很大的力和转矩。 ( )

(2) 液压传动可在较大范围内实现无级调速。 ( )

(3) 液压传动系统不宜远距离传动。 ( )

(4) 液压传动的元件要求制造精度高。 ( )

(5) 气压传动的适合集中供气和远距离传输与控制。 ( )

(6) 与液压系统相比,气压传动的工作介质本身没有润滑性,需另外加油雾器进行润滑。 ( )

(7) 液压传动系统中,常用的工作介质是汽油。 ( )

(8) 液压传动是依靠密封容积中液体静压力来传递力的,如万吨水压机。 ( )

(9) 与机械传动相比,液压传动其中一个优点是运动平稳。 ( )

(10) 以绝对真空为基准测得的压力称为绝对压力。 ( )

(11) 液体在不等横截面的管中流动,液流速度和液体压力与横截面积的大小成反比。

( )

(12) 液压千斤顶能用很小的力举起很重的物体,因而能省功。 ( )

(13) 空气侵入液压系统,不仅会造成运动部件的"爬行",而且会引起冲击现象。 ( )

（14）当液体通过的横截面积一定时,液体的流动速度越高,需要的流量越小。

（　　）

（15）液体在管道中流动的压力损失表现为沿程压力损失和局部压力损失两种形式。

（　　）

（16）液体能承受压力,不能承受拉应力。（　　）

（17）油液在流动时有黏性,处于静止状态也可以显示黏性。（　　）

**3. 选择题**

（1）把机械能转换成液体压力能的装置是（　　）。

A. 动力装置　　　　B. 执行装置　　　　C. 控制调节装置

（2）液压传动的优点是（　　）。

A. 比功率大　　　　B. 传动效率低　　　　C. 可定比传动

（3）液压传动系统中,液压泵属于（　　）,液压缸属于（　　）,溢流阀属于（　　）,油箱属于（　　）。

A. 动力装置　　　　B. 执行装置　　　　C. 辅助装置　　　　D. 控制装置

（4）液体具有如下性质（　　）。

A. 无固定形状而只有一定体积　　　　　B. 无一定形状而只有固定体积

C. 有固定形状和一定体积　　　　　　　D. 无固定形状又无一定体积

（5）在密闭容器中,施加于静止液体内任一点的压力能等值地传递到液体中的所有地方,这称为（　　）。

A. 能量守恒原理　　B. 动量守恒定律　　C. 质量守恒原理　　D. 帕斯卡原理

（6）在液压传动中,压力一般是指压强,在国际单位制中,它的单位是（　　）。

A. 帕　　　　　　　B. 牛顿　　　　　　C. 瓦　　　　　　　D. 牛・米

（7）在液压传动中人们利用（　　）来传递力和运动。

A. 固体　　　　　　B. 液体　　　　　　C. 气体　　　　　　D. 绝缘体

（8）（　　）是液压传动中最重要的参数。

A. 压力和流量　　　B. 压力和负载　　　C. 压力和速度　　　D. 流量和速度

**4. 简答题**

（1）液压油的性能指标是什么？并说明各性能指标的含义。

（2）选用液压油主要应考虑哪些因素？

（3）什么是液压冲击？它发生的原因是什么？

（4）什么是空穴现象？它有哪些危害？应怎样避免？

**5. 计算题**

（1）在题图 1 简化液压千斤顶中,$T = 294$ N,大小活塞的面积分别为 $A_2 = 5 \times 10^{-3}$ m$^2$,$A_1 = 1 \times 10^{-3}$ m$^2$,忽略损失,试解答下列各题。

① 通过杠杆机构作用在小活塞上的力 $F_1$ 及此时系统压力 $p$；

② 大活塞能顶起重物的重量 $G$；

③ 大小活塞运动速度哪个快？快多少倍？

④ 设需顶起的重物 $G = 19\ 600$ N 时，系统压力 $p$ 又为多少？作用在小活塞上的力 $F_1$ 应为多少？

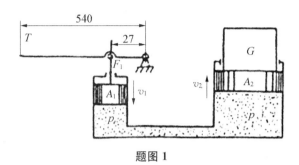

**题图 1**

（2）如题图 2 所示，已知活塞面积 $A = 10 \times 10^{-3}$ m²，包括活塞自重在内的总负重 $G = 10$ kN，问从压力表上读出的压力 $p_1$、$p_2$、$p_3$、$p_4$、$p_5$ 各是多少？

（3）如题图 3 所示连通器，中间有一活动隔板 T，已知活塞面积 $A_1 = 1 \times 10^{-3}$ m²，$A_2 = 5 \times 10^{-3}$ m²，$F_1 = 200$ N，$G = 2\ 500$ N，活塞自重不计，问：

① 当中间用隔板 T 隔断时，连通器两腔压力 $p_1$、$p_2$ 各是多少？

② 当把中间隔板抽去，使连通器连通时，两腔压力 $p_1$、$p_2$ 各是多少？力 $F_1$ 能否举起重物？

③ 当抽去中间隔板 T 后若要使两活塞保持平衡，$F_1$ 应是多少？

④ 若 $G = 0$，其他已知条件都同前，$F_1$ 是多少？

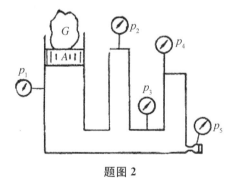

**题图 2**

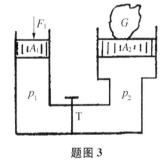

**题图 3**

# 汽车起重机支腿机构液压系统设计

汽车起重机是一种使用广泛的工程机械，这种机械在汽车的基础上辅以起重设备，机动性好，适应性强，自备动力不需要配备电源，能在野外作业，操作简便灵活，因此在交通运输、城建、消防等领域得到了广泛的使用。汽车起重机上采用液压起重技术，具有承载能力大，抗冲击、振动，可在恶劣环境下工作等优点，其液压系统组成如图9-1所示。起重机工作时，要求支腿机构中的四条液压支撑腿将整车抬起，使汽车轮胎离开地面，以保证载荷不会直接作用在轮胎上，且液压支腿的支撑状态能长时间保持位置不变，防止起吊重物时出现"软腿"现象；转移作业现场时，又要将起重机的支腿收回，使汽车恢复行驶能力。

图9-1 起重机液压系统的组成

支腿机构中的四条支撑腿分别装有4个液压缸，为了使整车处于同一水平位置，要求各个支腿可以根据地面情况进行单独调节，同时，为了使起重机在工作中安全可靠，要求支腿机构安全可靠，伸缩方便。因此，要求各液压缸不仅可以实现往复运动，还要能根据工作需要停留在任意位置并可靠地锁住，不会受外力影响而发生飘移。

1. 掌握单向阀的种类、结构、工作原理及应用。
2. 掌握换向阀的种类、结构、工作原理及应用。
3. 掌握换向回路及锁紧回路的油路分析。
4. 掌握用仿真软件绘制液压换向回路。

1. 熟练选用液压方向控制阀。
2. 熟练识读液压换向回路及锁紧回路原理图。
3. 能应用仿真软件绘制液压换向回路。
4. 能在实训台上正确安装、调试简单的液压换向回路。

# 任务一　认识方向控制阀

液压方向控制阀的作用是控制液压系统中液流的方向和通断,包括单向阀和换向阀。

## 一、单向阀

单向阀包括普通单向阀和液控单向阀。

1. 普通单向阀

普通单向阀简称单向阀,其作用是控制液流只能按一个方向流动,而反向截止。它由阀体、阀芯、弹簧等零件组成,如图9-2所示是一种管式普通单向阀的基本结构。当压力油从 $P_1$ 口流入时,作用于阀芯上,克服弹簧弹力,使阀芯右移,打开阀口,并通过阀芯上的

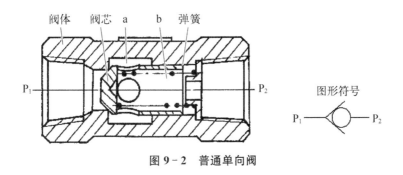

图 9-2　普通单向阀

径向孔 a、轴向孔 b 从 $P_2$ 口流出。当油液反向流动,由 $P_2$ 口流入时,在压力油和弹簧的共同作用下将阀芯锥面压紧在阀座上,阀口关闭,油液无法通过。

2. 液控单向阀

图 9-3 为液控单向阀,它由普通单向阀和液控装置两部分组成。当控油口 K 处不通压力油时,作用与普通单向阀相同;当控油口 K 处通入压力油时,活塞在压力作用下右移,推动顶杆顶开阀芯,使 $P_1$ 和 $P_2$ 接通,油液可在两个方向自由流动。

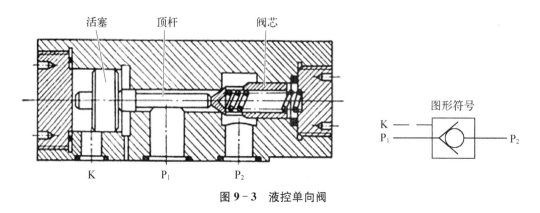

图 9-3 液控单向阀

## 二、换向阀

液压换向阀的作用、结构、工作原理、分类方式、职能符号与气动换向阀基本相同,在此不再赘述。

# 任务二 认识基本的方向控制回路

方向控制回路是控制执行元件的启动、停止及换向的回路,包括换向回路和锁紧回路。

## 一、换向回路

换向回路的作用是改变执行元件的运动方向。一般采用各种换向阀来实现(见图 9-4(a)),在容积调速的闭式回路中,也可以利用双向变量泵实现换向(见图 9-4(b))。采用双向变量泵的换向回路比普通换向阀换向平稳,多用于大功率的液压系统中,如龙门刨床、拉床等液压系统。

## 二、锁紧回路

锁紧回路的作用是使执行元件能停留在任意位置,且停止工作时不会因受外力影响

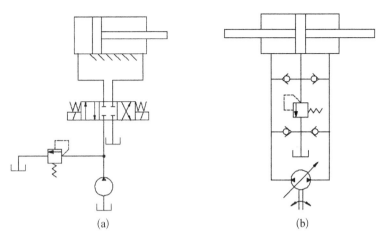

图 9 - 4　换向回路

而发生移动。

1）三位换向阀锁紧回路

最简单的方法是利用三位换向阀的 O、M 型中位机能实现锁紧（见图 9 - 4(a)），但受换向阀泄漏的影响，锁紧效果差，只适用于短时间的锁紧或锁紧程度要求不高的场合。

2）液控单向阀锁紧回路

需要长时间、精确锁紧的场合，可采用液控单向阀（又称液压锁），利用其锥阀关闭的严密性实现长时间锁紧或保压。如图 9 - 5 所示，在液压缸两腔的油路上都串接一个液控单向阀，当三位换向阀处于中位时，液压缸可长时间、准确地锁紧在任何位置。利用液控单向阀进行锁紧时，注意应采用 H 或 Y 型中位机能的换向阀，以确保换向阀切换至中位时，液控单向阀的控制油卸荷，单向阀立即关闭，迅速锁紧。

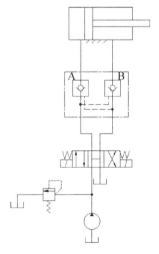

图 9 - 5　采用液控单向阀<br>的锁紧回路

# 任务三　汽车起重机支腿机构液压系统

　　汽车起重机的底盘前后各有两条支腿,每条支腿上安装一个液压缸驱动支腿的动作,其液压回路如图9-6所示。各液压缸分别由4个三位四通换向阀控制,换向阀均采用H型中位机能,油路采用并联方式,每个液压缸都设有双向锁紧回路,以保证支腿能可靠地锁紧在任一位置,以防起重作业时发生"软腿"现象或行车过程中支腿自行滑落。

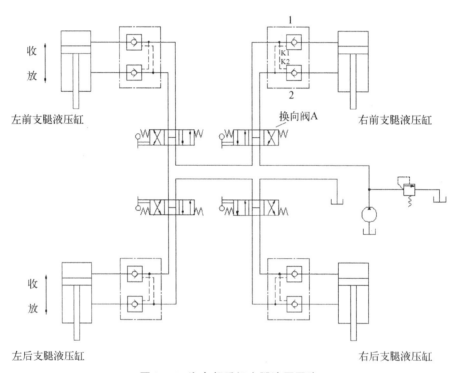

图9-6　汽车起重机支腿液压回路

　　以右前支腿为例,放下支腿时,只需将换向阀A置于右位,液压油经换向阀A和液控单向阀1,流入液压缸上腔,活塞下行,支腿伸出,由于控制口K2通入压力油,液控单向阀2阀芯打开,液压缸下腔的油可经液控单向阀2流回油箱。当支腿伸出长度达到要求后,将换向阀A置于中位,泵停止供油,控制口K2的压力降为0,液控单向阀2阀芯关闭,将活塞可靠锁紧。收回支腿时,将换向阀A置于左位,液压油经换向阀A和液控单向阀2,流入液压缸下腔,活塞上行,支腿收回,由于控制口K1通入压力油,液控单向阀1阀芯打开,液压缸上腔的油可经液控单向阀1流回油箱。其他支腿的动作同上。

　　也可将图9-6中的手动换向阀换成电磁阀,通过电路控制四腿的同时伸出与同时缩回。

 项目小结

## 1. 方向控制阀

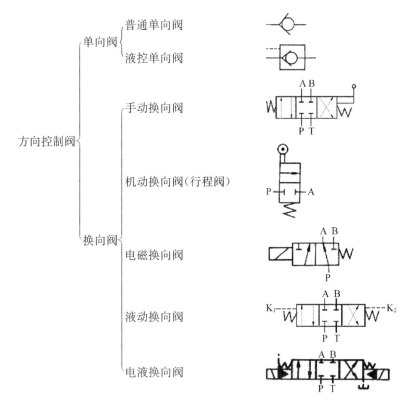

```
                    ┌ 普通单向阀
            单向阀 ┤
            │       └ 液控单向阀
            │
            │       ┌ 手动换向阀
方向控制阀 ┤       │
            │       │ 机动换向阀(行程阀)
            │       │
            换向阀 ┤ 电磁换向阀
                    │
                    │ 液动换向阀
                    │
                    └ 电液换向阀
```

## 2. 三位换向阀中位机能

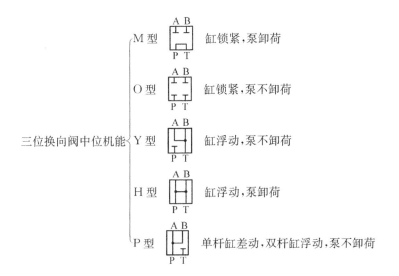

```
                        M 型    缸锁紧,泵卸荷
                        O 型    缸锁紧,泵不卸荷
三位换向阀中位机能 ┤   Y 型    缸浮动,泵不卸荷
                        H 型    缸浮动,泵卸荷
                        P 型    单杆缸差动,双杆缸浮动,泵不卸荷
```

## 3. 方向控制回路

方向控制回路 $\begin{cases} \text{换向回路：利用各种换向阀换向} \\ \text{锁紧回路：利用三位换向阀的 O、M 型中位机能锁紧，或利用液控单向阀锁紧} \end{cases}$

### 实验一：自动顶出机构

自动顶出机构液压回路如图 9-7 所示。

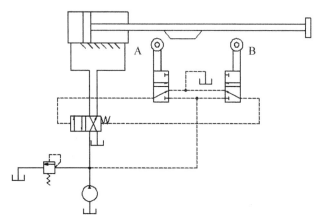

图 9-7　自动顶出机构液压回路

机构动作过程如下：

液压缸活塞右行，将物料顶出至设定位置，同时，压下行程阀 B，液动换向阀切换至右位工作，液压缸左行，顶杆退回至设定位置，同时，压下行程阀 A，液动换向阀切换至左位工作，动作循环。

采用 FluidSIM-H 软件绘制如图 9-7 所示的液压回路，并仿真。

### 实验二：汽车起重机支腿机构

采用 FluidSIM-H 软件绘制如图 9-6 所示的液压回路，并仿真。

思考题：

(1) 三位换向阀的中位机能有哪几种，不同的中位机能作用有何不同？

(2) 将本题中的 H 型中位机能换成其他型中位机能是否可行？为什么？

(3) 将手动换向阀更换成电磁阀，如何实现四腿同时伸出和收回？

# 项目十 定位夹紧机构液压系统

**项目描述**

　　自动化生产线上，通常要将物料切割成定长尺寸，或在长度方向上均匀地打孔等，在进行以上操作之前，需将物料输送到规定位置，再夹紧。本项目要求设计一种液压定位夹紧机构，实现物料机加工前的定位和夹紧。机构如图 10-1 所示，物料从传送带上输送至位置 1，定位缸活塞伸出，将物料推送至位置 2，然后夹紧缸对物料实施夹紧，机加工缸下行，对物料进行切削或钻孔等操作。

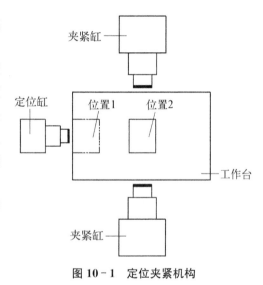

图 10-1　定位夹紧机构

**项目分析**

　　加工过程中，对定位夹紧装置有如下要求：工件的夹紧压力小于主系统工作压力，并可根据工件材料的硬度进行调整；在装夹的过程中，先对工件定位，要确保定位完成后，方能实施夹紧；加工过程中，夹紧力保持不变；加工完成后，能快速松开工件，以便更换下一待加工工件，提高工作效率。针对以上要求，在不另外采用液压泵供油的情况下，要使用减压元件，将装夹回路压力降至设定值；工件的定位和夹紧动作由两个液压缸分别完成，夹紧工件时要利用液压元件控制两缸顺序动作，释放工件时，两缸同时动作，以提高效率；采用与溢流阀功能相似的元件稳压，以确保加工过程中工件的夹紧力保持不变。

### 知识目标

1. 掌握压力控制阀的种类、结构、工作原理及应用。
2. 掌握压力控制回路的油路分析。
3. 掌握用仿真软件绘制压力控制回路。

### 技能目标

1. 熟练选用各种压力控制阀。
2. 熟练识读各种压力控制回路。
3. 掌握用仿真软件绘制压力控制回路。
4. 能正确连接和安装各种压力控制回路。

# 任务一　认识压力控制阀

压力控制阀是控制液压系统压力或利用压力变化实现某种动作的阀,简称压力阀。压力阀包括溢流阀、减压阀、顺序阀和压力继电器等,它们都是利用作用在阀芯上的液压力和弹簧力相平衡的原理来工作的,其中,溢流阀、减压阀和顺序阀的结构、工作原理与气动系统中的同类阀类似,此模块中只作简单介绍。

## 一、溢流阀

溢流阀按其结构分为直动式溢流阀(见图 10-2)和先导式溢流阀(见图 10-3)。直动式用于低压系统,先导式用于中、高压系统。

先导式溢流阀工作时,由先导阀调压,主阀溢流,其压力流量特性优于直动式溢流阀,但灵敏度和响应速度比直动式溢流阀略低。若遥控口 K 处与其他阀相同,可实现远程调压、多级调压及卸荷等功能。

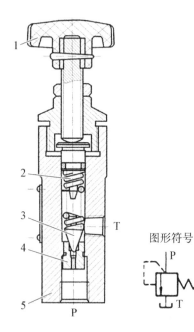

图形符号

**图 10-2　直动式溢流阀**

1-调节手轮;2-弹簧;
3-阀芯;4-阀座;5-阀体

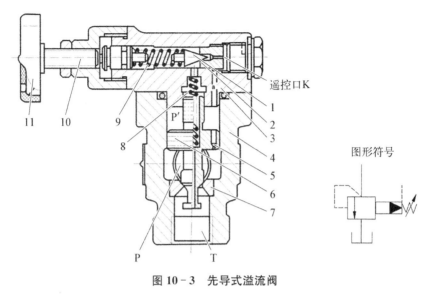

图形符号

**图 10-3　先导式溢流阀**

1-先导锥阀；2-先导阀座；3-阀盖；4-阀体；5-阻尼孔；6-阀芯；
7-主阀座；8-主阀弹簧；9-调压弹簧；10-调节螺钉；11-调节手轮

## 二、减压阀

减压阀主要用来降低系统中某一分支油路的压力,使之低于主油路压力,以满足执行机构的需要,并保持基本恒定。减压阀也有直动式减压阀和先导式减压阀两类,先导式减压阀(见图 10-4)应用较多。减压阀的职能符号如图 10-5 所示。

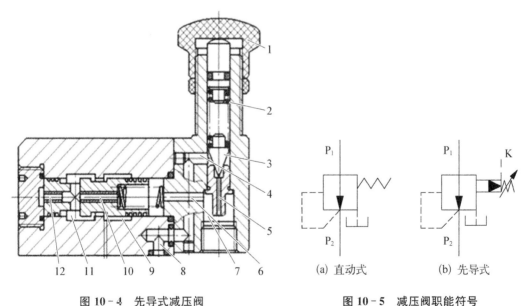

**图 10-4　先导式减压阀**

1-调节手轮；2-调压弹簧；3-锥阀；4-先导阀泄油孔；
5-先导阀阀座小孔；6-阻尼孔；7-遥控口；8-泄油口；
9-进油口；10-阻尼孔；11-出油口；12-阻尼孔

(a) 直动式　　　(b) 先导式

**图 10-5　减压阀职能符号**

减压阀的功能与气动减压阀相同,当进口压力小于减压阀调定压力时,阀口处于常开状态,不起减压作用,出口压力等于进口压力;当进口压力大于减压阀调定压力时,阀口部分关闭,实现减压功能,出口压力即为调定压力。

### 三、顺序阀

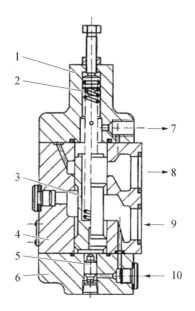

**图 10-6　直动式顺序阀**

1-上盖;2-弹簧;3-阀芯;4-阀体;
5-活塞;6-下盖;7-泄油口;
8-出油口;9-进油口;10-控制油口 K

顺序阀是利用系统中的压力变化来控制油路的通断,从而实现多个执行元件按先后顺序动作的压力阀。顺序阀按结构可分为直动式和先导式,前者用于低压系统,后者用于中、高压系统。

顺序阀按控制压力不同,分为内控式和外控式;按控制油的泄油方式不同,又可分为内泄式和外泄式。如图 10-6 所示,旋转上、下盖即可获得不同的控油、泄油组合方式,各种顺序阀职能符号如图 10-7 所示。

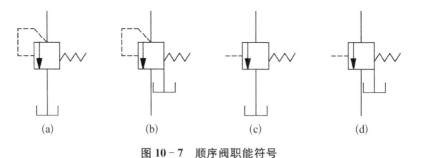

**图 10-7　顺序阀职能符号**

（a）内控内泄　（b）内控外泄　（c）外控内泄　（d）外控外泄

### 四、压力继电器

压力继电器是将系统的压力信号转换为电信号的转换装置。当油液压力达到压力继电器的调定压力时,即发出电信号,控制电气元件动作,在系统中相当于一个压力开关。

压力继电器结构如图 10-8 所示,压力油从 P 口进入,作用在柱塞底部,当其压力达到调定值,便克服弹簧阻力推动柱塞上移,顶杆即可触动微动开关,发出电信号。压力继电器发出电信号时的压力称为开启压力,切断电信号时的压力称为闭合压力,两者存在一个差值,以保证系统压力脉动时,压力继电器发出的电信号不会时断时续,但这个差值不宜过大。

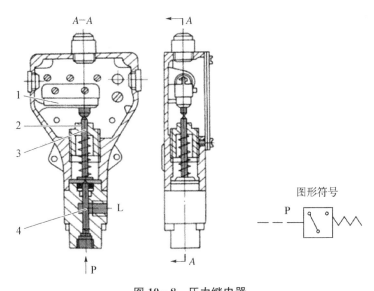

**图 10-8 压力继电器**

1-微动开关;2-调节螺钉;3-顶杆;4-柱塞

# 任务二 认识基本的压力控制回路

压力控制回路是用压力阀来控制液压系统(或系统中某一部分)的压力,以满足执行元件对力或力矩要求的回路。包括调压、减压、卸荷和平衡回路。

## 一、调压回路

调压回路的功能是使系统(或系统中某一部分)的压力保持稳定或不超过某个值。

1. 单级调压回路

如图 10-9 所示,通过调节溢流阀的压力改变泵的输出压力。溢流阀的压力一旦调定,泵则在此压力下工作,此时,溢流阀起调压和稳压的作用。若将定量泵换成变量泵,则溢流阀可作为安全阀使用,当泵的工作压力小于溢流阀的调定压力时,溢流阀不工作,当系统出现故障,泵的工作压力上升至溢流阀的调定压力时,溢流阀开启,开始溢流稳压,对系统起过载保护的作用。

2. 多级调压回路

在先导式溢流阀的控制油口串接其他溢流阀,就可组建成多级调压回路。图 10-10(a)为二级调压回路,可实现两

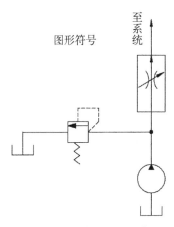

**图 10-9 单级调压回路**

种不同的系统压力控制。当电磁阀未通电时,系统压力由溢流阀 1 的调定压力决定;当电磁阀通电时,系统压力由远程调压阀 2 的调定压力决定。需注意的是,阀 2 的调定压力必须小于阀 1 的调定压力,否则不能实现二级调压。

同理,图 10-10(b)为三级调压回路,系统压力可由阀 1、阀 2、阀 3 的调定压力确定。同样,在此调压回路中,阀 2 和阀 3 的调定压力要低于主溢流阀 1 的调定压力,否则无法实现三级调压。

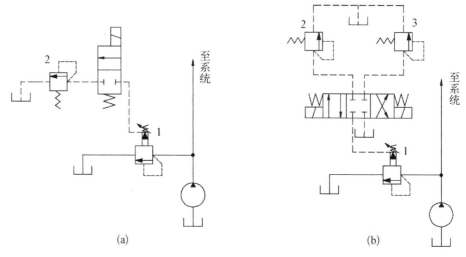

图 10-10　多级调压回路

(a) 二级调压回路　(b) 三级调压回路

## 二、减压回路

减压回路的功能是使系统中某一支路获得较主油路低的稳定压力。如机床液压系统中的夹紧、定位、分度回路,以及液压元件的控制油路、润滑油路等,它们往往要求比主油路的压力低。

如图 10-11 所示的减压回路中,夹紧压力由减压阀决定;单向阀的作用是当主系统压力下降到低于减压阀调定压力时,防止油倒流,起到短时间保压作用,使夹紧缸的夹紧力在短时间内保持不变。为使减压回路可靠工作,减压阀的最低调定压力不小于 0.5 MPa,最高调定压力应比系统调定压力低 0.5 MPa。

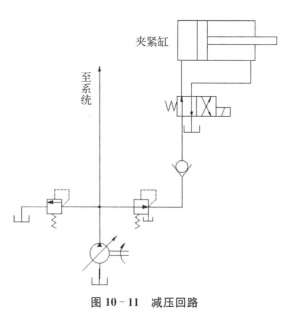

图 10-11　减压回路

### 三、卸荷回路

卸荷回路的功能是在液压泵不停转的情况下,使液压泵在零压力或很低压力下运转,以减少功率损耗、降低系统发热、延长泵和电机的寿命。

泵的卸荷有流量卸荷和压力卸荷两种,前者主要是使用变量泵,使变量泵仅补偿泄漏而以最小的流量运转,此时,泵处于高压状态下运行,磨损较严重;压力卸荷的方法是使泵在接近零压力下运转,常见的压力卸荷回路有以下几种。

1. 换向阀卸荷回路

采用 M、H、K 型中位机能的三位换向阀实现卸荷,如图 10-12(a)所示。此方法简单,适用于低压、小流量系统。

图 10-12(b)为二位二通阀的卸荷回路,采用此方法时必须使换向阀的流量与泵的额定输出流量相匹配。这种方法卸荷效果好,易于实现自动控制,一般适用于液压泵的流量小于 63 L/min 的场合。

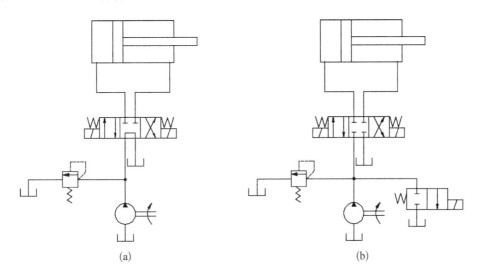

(a)　　　　　　　　　　(b)

**图 10-12　换向阀卸荷回路**

(a) 三位换向阀卸荷回路　(b) 二位二通阀卸荷回路

2. 先导式溢流阀的远程控制口卸荷

如图 10-13 所示,将先导式溢流阀的远程控制口连接油箱,即可实现卸荷,利用二位二通电磁阀实现远程控制,卸荷压力小,切换时冲击也小。

### 四、平衡回路

平衡回路的功能是使执行元件保持一定背压力,与重力负载相平衡。为了防止立式液压缸及其工作部件在悬空停留期间自行下滑,或在下行运动过程中因自重而超速运动,可在系统中采用平衡回路。

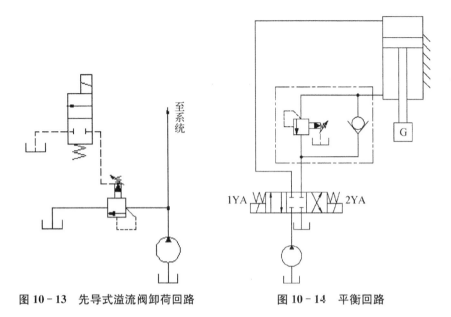

图 10-13    先导式溢流阀卸荷回路          图 10-14    平衡回路

如图 10-14 所示,在立式液压缸的下腔管路上串接一单向顺序阀,当 1YA 通电,活塞下行,回油路上产生一定的背压,若将该背压调至可以支撑活塞与负载的重量,则活塞就不会超速下降;当换向阀处于中位时,由于背压的存在,活塞亦不会自行下滑。这种回路在快速运动时功率损失大,长时间锁定时,活塞会因顺序阀和换向阀的泄露而缓慢下降,因此,只适用于负载重量不大,且活塞锁定定位要求不高的场合。

# 任务三    定位夹紧机构液压系统

液压定位夹紧机构的回路如图 10-15 所示。

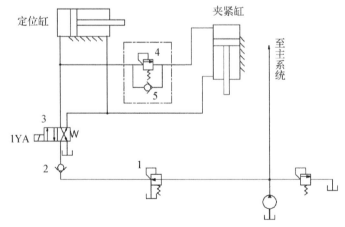

图 10-15    液压定位夹紧机构回路

1YA通电时,液压泵供油,一路至主系统,另一路经减压阀1、单向阀2、换向阀3至定位缸的左腔,定位缸活塞右行,到达预定位置后,活塞停止运动,油路压力升高,当压力升高至顺序阀4的调定压力时,顺序阀开启,压力油进入夹紧缸的上腔,夹紧缸活塞下行,将工件夹紧。加工完毕,释放工件时,1YA断电,换向阀3右位工作,高压油同时进入定位缸的右腔和夹紧缸的下腔,两缸活塞同时退回,快速释放工件。

采用减压阀1可实现液压夹具回路压力低于系统主油路压力;采用顺序阀4可实现夹紧工件时定位缸和夹紧缸的顺序动作,而两缸下腔并联可实现释放工件时两缸活塞同时上升;改变顺序阀调定值可实现夹紧力的调整;单向阀2可防止夹紧缸压力增大时油液回流。

## 项目小结

### 1. 压力控制元件

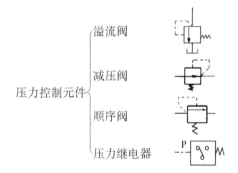

$$
压力控制元件 \begin{cases} 溢流阀 \\ 减压阀 \\ 顺序阀 \\ 压力继电器 \end{cases}
$$

### 2. 压力控制回路

$$
压力控制回路 \begin{cases} 调压回路 \\ 减压回路 \\ 卸荷回路 \\ 平衡回路 \end{cases}
$$

## 实践训练

**实验一:多缸运动回路仿真**

图10-16所示的多缸运动回路,各缸的动作如下:缸1活塞伸出→缸2活塞伸出→缸2活塞收回→缸1活塞收回。

思考题:

(1)思考回路中的压力继电器3和4分别用来控制哪个电磁铁通电?

(2)仿真该回路,并填写电磁阀动作顺序表10-1。

表 10-1 电磁阀动作顺序表

| 工况＼电磁铁 | 1YA | 2YA | 3YA | 4YA |
|---|---|---|---|---|
| 缸 1 活塞伸出 | | | | |
| 缸 2 活塞伸出 | | | | |
| 缸 2 活塞收回 | | | | |
| 缸 1 活塞收回 | | | | |

（3）在试验台上连接液压回路图。

（4）若回路采用行程阀控制各缸顺序动作，如何实现？

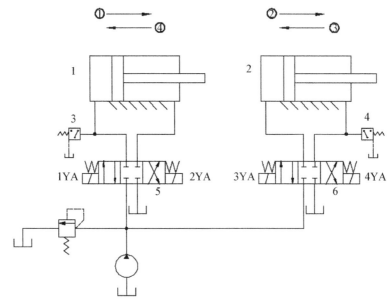

图 10-16　多缸运动回路

**实验二：液压定位夹紧机构**

采用 FluidSIM-H 软件绘制图 10-15 所示的液压回路，并仿真。

思考题：

（1）夹具中如何控制定位与夹紧的顺序动作？还可以用什么方法实现顺序控制？

（2）顺序阀安装在回路中的什么位置？为什么？

（3）若要保证工件先夹紧再进行后续的机加工，可在回路中安装什么元件？安装在什么位置？

（4）若主系统溢流阀调定压力为 5 MPa，减压阀 1 调定压力为 3 MPa，顺序阀 4 调定压力为 2 MPa，则在机加工工程中，工件的夹紧力是多少？若顺序阀 4 调定压力为 4 MPa，会出现什么情况？为什么？

# 项目十一　组合机床动力滑台液压系统

## 项目描述

　　组合机床是以通用部件为基础,配以按工件特定形状和加工工艺设计的专用部件和夹具,组成的半自动或自动专用机床,其加工范围广,自动化程度高,因此被广泛应用于大批量生产中。组合机床结构如图 11-1 所示,动力滑台系统是组合机床上的主要通用部件,配置动力头、主轴箱和各种专用的切削头等工作部件,即可实现钻、扩、铰、铣等加工。动力滑台液压系统的主要功能是完成进给速度为"快进→工进 1→工进 2→死挡铁处停留→快退→原位停止"的工作循环,同时,要求速度换接平稳,进给速度稳定。

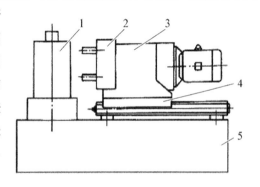

**图 11-1　组合机床的组成**

1-夹具及工件;2-主轴箱;3-动力头;
4-动力滑台;5-床身

## 项目分析

　　工作台在空载情况下快进、快退,以提高效率;工作过程中,可实现两种进给速度;各速度稳定,不随负载的波动而变化;各速度换接平稳。在液压系统中,速度取决于流量,速度可调即流量可调。根据以上对动力滑台液压系统的分析,回路中需采用流量调节元件,尤其是可以将负载变化对流量波动的影响降为最低的元件,组成速度控制回路,以满足滑台不同进给速度的要求。

## 知识目标

　　1. 掌握节流阀、调速阀的结构、工作原理及应用。

2. 掌握速度控制回路的油路分析。

3. 掌握用仿真软件绘制速度控制回路。

**技能目标**

1. 熟练选用各种速度控制阀。

2. 熟练识读各种速度控制回路。

3. 掌握用仿真软件绘制速度控制回路。

4. 能正确连接和安装各种速度控制回路。

# 任务一　认识流量控制阀

流量控制阀的作用是通过改变阀口大小,实现流量调节,控制执行元件运动速度。常用的流量阀有节流阀和调速阀。

## 一、节流阀

图 11 - 2 为普通节流阀,调节手轮,阀芯移动,通流面积发生变化,从而改变液体流量。节流阀的结构简单、体积小、使用方便,成本低,但负载和温度变化对流量稳定性的影响较大,因此只适用于执行元件负载变化很小和速度稳定性要求不高的场合。

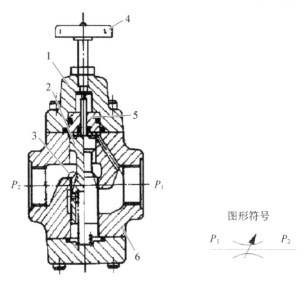

**图 11 - 2　普通节流阀**

1-顶盖;2-阀芯;3-节流口;4-手轮;5-导套;6-阀体

### 二、调速阀

调速阀由定差减压阀和节流阀串联而成。节流阀用来调节流量,定差减压阀用来保证节流阀前后压力差为一定值,从而使通过节流阀的流量保持稳定。

调速阀的结构如图 11-3 所示,$p_1$、$p_2$、$p_3$ 分别为减压阀进口、出口压力及节流阀出口压力,当负载变化引起 $p_3$ 减小时,减压阀阀芯开口减小,致使减压阀上压降增加,则 $p_2$ 减小,而 $p_3$ 与 $p_2$ 的差值不变,即节流阀前后端压力差不变,反之亦然。因此,采用调速阀调速时,即使负载发生变化,执行元件的运动速度仍能保持稳定。调速阀常用于执行元件负载变化较大或速度稳定性要求较高的场合,其缺点是结构较复杂,压力损失较大。

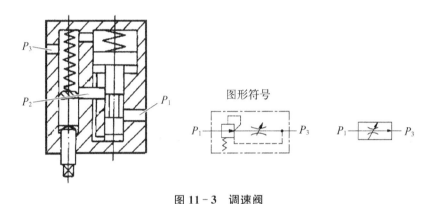

**图 11-3　调速阀**

# 任务二　认识基本的速度控制回路

速度控制回路的功能是使执行元件获得满足工作要求的运动速度,包括调速回路、快速运动回路、速度换接回路等。

### 一、调速回路

调速回路的功能是调节执行元件的运动速度。

1. 节流调速回路

用定量泵＋节流阀/调速阀组建的调速回路。

根据节流阀或调速阀在回路中的位置不同,可分为进油节流调速回路(见图 11-4(a))、回油节流调速回路(见图 11-4(b))、旁路节流调速回路(见图 11-4(c))。

回油节流调速回路和进油节流调速回路相比有如下优点:能承受一定的负压负载;运动平稳性好;油液经节流阀发热后的油液直接回油箱,对系统泄漏影响小。但是,系统

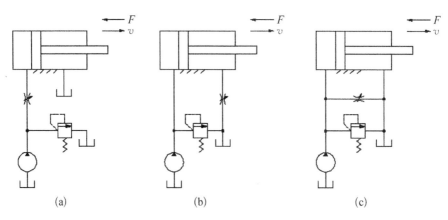

**图 11 - 4   节流调速回路**

(a) 进油节流调速回路   (b) 回油节流调速回路   (c) 旁路节流调速回路

停车重启时,回油节流调速回路中,由于液压缸回油腔中的油泄漏,不能立即建立起背压,活塞会出现前冲;而在进油节流调速回路中,只要关小节流阀即可避免启动冲击。综上所述,进、回油节流调速回路调节范围较大,能获得低速运动,结构简单,成本低,使用维护方便,但能量损耗大,效率低,温升高,只适用于小功率系统,如机床进给系统。实际应用中普遍采用进油节流调速,并在回油路上加一个背压阀来提高运动平稳性。

旁路节流调速回路只有节流损失,无溢流损失,效率高,适用于对运动平稳性要求不高的高速大功率场合,如牛头刨床的主运动传动系统、锯床进给系统等。

用节流阀组成的调速回路中,速度受负载变化影响较大,因此,其速度稳定性都不高,变负载下的运动平稳性也较差。若用调速阀代替节流阀,可提高运动平稳性,但功率损失较大,效率较低。

2. 容积调速回路

通过改变变量泵或变量马达的排量来实现调速的回路称为容积调速回路。其主要优点是功率损失小(没有溢流损失和节流损失)且其工作压力随负载变化,所以效率高、油的温度低,但低速稳定性较差,因此适用于高速、大功率系统。

根据液压泵和液压马达(液压缸)的组合方式不同,容积调速回路可分为如下三种形式:

(1) 变量泵-定量液压缸(见图 11 - 5(a))或液压马达(见图 11 - 5(b))。

(2) 定量泵-变量液压马达(见图 11 - 5(c))。

(3) 变量泵-变量液压马达(见图 11 - 5(d))。

3. 容积节流调速回路

由压力补偿型变量泵+流量阀组成的调速回路,如图 11 - 6 所示。这种回路中,泵的流量可根据负载需要自动调节,只有节流损失,没有溢流损失,因此,回路效率较高,运动稳定性较好。一般用于空载时需快速、承载时需速度稳定的中小功率液压系统。

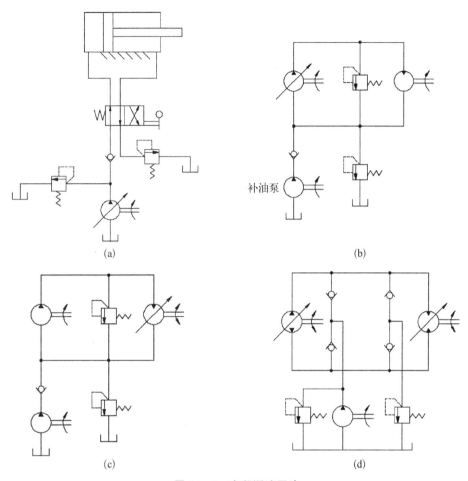

**图 11-5　容积调速回路**

（a）变量泵-液压缸　（b）变量泵-定量液压马达　（c）定量泵-变量液压马达　（d）变量泵-变量液压马达

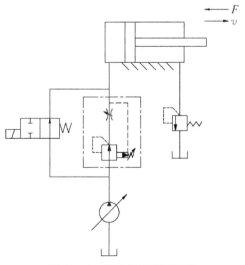

**图 11-6　容积节流调速回路**

## 二、快速运动回路

快速运动回路的功能是使执行元件在空程时获得尽可能大的运动速度,以提高生产效率。

### 1. 差动连接的快速运动回路

如图 11-7 所示,当二位、三位换向阀同时处于左位时,实现快进;当二位、三位换向阀同时处于右位时,实现快退。这种快速回路简单、经济,但快、慢速的转换不够平稳。

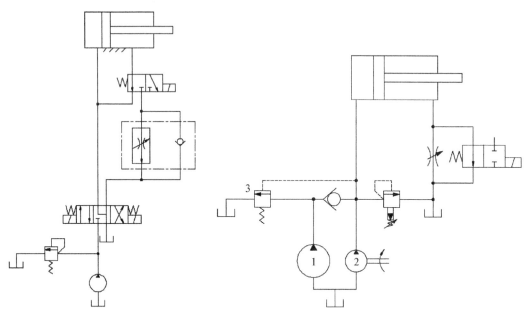

图 11-7　差动连接快速运动回路　　　图 11-8　双泵供油快速运动回路

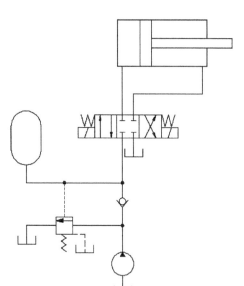

图 11-9　采用蓄能器快速运动回路

### 2. 双泵供油的快速运动回路

如图 11-8 所示,泵 1 为高压小流量泵,泵 2 为低压大流量泵,高压重载时,泵 1 通过顺序阀 3 卸荷,泵 2 单独向系统供油,实现工进;低压空载时,顺序阀 3 关闭,泵 1 和泵 2 同时向系统供油,实现快进。这种回路效率高,但回路复杂,成本也高,常用在执行元件快进和工进速度相差较大的组合机床、注塑机等设备的液压系统中。

### 3. 采用蓄能器的快速运动回路

如图 11-9 所示,当换向阀处于中位时,液压缸停止运动,蓄能器充液;当换向阀处于左、右位时,蓄能器和泵一起向系统供油,实现快进、快退。增加蓄能器后,可利用较小流量的泵获得较

高的运动速度,缺点是蓄能器充液时,液压
缸须停止工作,有些浪费时间。

### 三、速度换接回路

设备工作部件在实现自动化工作循环
中,需要进行速度转换,如由快速转换为慢
速,或两种慢速之间的转换等,转换过程应
保证速度平稳、可靠。

**1. 快速-慢速的速度换接回路**

如图 11-10 所示,当阀 1 处于左位时,
活塞快进;压下行程阀 2 后,活塞速度转为工
进速度;当阀 1 切换至右位,活塞退回。采用
行程阀的速度换接回路,速度换接位置精度
高,速度切换平稳。也可用电磁阀代替行程
阀,便于实现自动控制,但速度切换平稳性
略差。

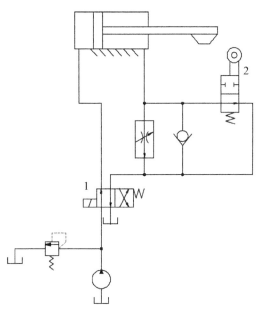

**图 11-10 快速-慢速的速度换接回路**

**2. 慢速 1-慢速 2 的速度换接回路**

如图 11-11 所示,可利用两个调速阀串联或并联,获得不同的工进速度。

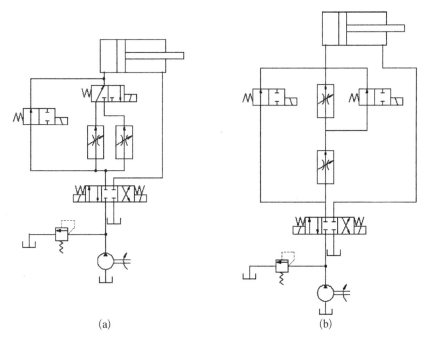

(a)                              (b)

**图 11-11 慢速 1-慢速 2 的速度换接回路**

(a) 两个调速阀并联   (b) 两个调速阀串联

# 任务三　组合机床动力滑台液压系统

以 YT4535 型动力滑台液压系统为例,其工作原理如图 11-12 所示。该系统中采用限压式变量泵 4 供油,电液动换向阀 1 换向,调速阀 5、10 调速,单杆活塞液压缸驱动,另外,为保证滑台的进给位置精度,采用了死挡铁 9 来限位。

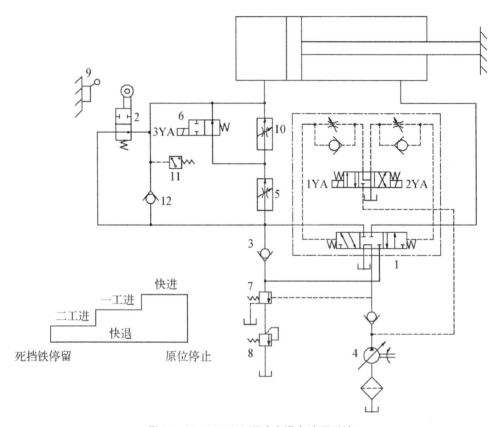

图 11-12　YT4535 型动力滑台液压系统

其工作过程如下:

1. 快进

按下启动按钮,电磁铁 1YA 通电,电液换向阀 1 左位工作,压力油经行程阀 2 进入液压缸左腔,滑块(缸体)左行,液压缸右腔油经换向阀 1、单向阀 3 进入液压缸左腔,形成差动连接,实现快进。快进时负载小,系统压力低,限压式变量泵 4 输出最大流量。

**2. 一工进**

滑台左行至压下行程阀 2,进油路被切断,压力油只能经调速阀 5、换向阀 6 进入液压缸的左腔,滑台继续左行。此时,系统压力升高,变量泵 4 的输油量自动减小,并与调速阀 5 的开口相适应。同时,顺序阀 7 打开,单向阀 3 关闭,液压缸右腔的回油经顺序阀 7、背压阀 8 流回油箱。滑台从快进转换为一工进,其速度大小由调速阀 5 调节。

**3. 二工进**

一工进结束时,滑台上的挡块压下行程开关 9 使 3YA 通电,换向阀 6 左位工作,压力油需要同时经过调速阀 5 和 10 才能进入液压缸左腔,由于调速阀 10 比调速阀 5 的开口量小,滑台从一工进转换为二工进,其速度大小由调速阀 10 调节。

**4. 死挡铁 9 处停留**

当动力滑台完成二工进碰到死挡铁时,滑台即停留在死挡铁处,此时液压缸左腔压力升高,使压力继电器 11 发出信号给时间继电器,滑台停留时间由时间继电器调定。

**5. 快退**

死挡铁停留时间结束后,时间继电器发出信号,使电磁铁 1YA、3YA 断电,2YA 通电,电液换向阀 1 切换至右位工作,压力油经换向阀 1 进入液压缸右腔,滑块右行,液压缸左腔油经单向阀 12、换向阀 1 流回油箱,实现快退。快退时负载小,系统压力低,限压式变量泵 1 恢复最大流量。

**6. 原位停止**

当滑台退回到原位时,挡铁压下原位行程开关,发出信号,使 2YA 断电,换向阀处于中位,滑台停止运动,泵卸荷。

 项目小结

**1. 速度控制即流量控制**

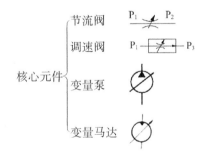

### 2. 速度控制回路

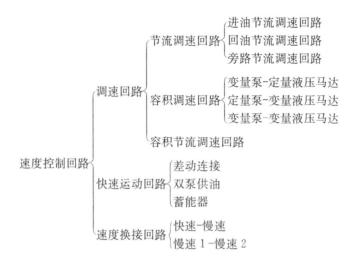

实践训练

**实验一：快速-慢速回路**

用 FluidSIM - H 软件仿真图 11 - 13 所示的快速-慢速回路,并在实验台上搭建该回路。

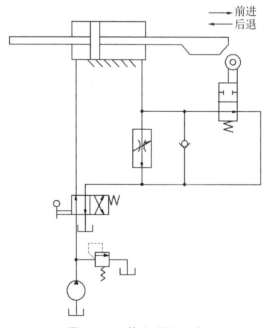

图 11 - 13　快速-慢速回路

思考题：

(1) 分析回路的运动过程。

(2) 活塞杆如何实现快进→工进？

(3) 活塞杆后退回时，调速阀 3 和行程阀 4 对其运动速度有无影响？

**实验二：动力滑台液压回路**

用 FluidSIM - H 软件仿真图 11 - 12 所示的动力滑台液压回路。

思考题：

(1) 根据动力滑台运动过程分析电磁阀动作，并完成表 11 - 1。

(2) 电磁阀 7 的作用？

(3) 行程阀 11、换向阀 12 的作用是什么？

(4) 调速阀 8、9 分别用于调节哪个进给速度？若调速阀 9 的开口大于调速阀 8 的开口，会出现什么情况？

(5) 工进时，顺序阀 4 和单向阀 5 的开闭状态如何？为什么？

(6) 背压阀 3 的作用？

(7) 试将本项目中的串联调速阀回路改成并联调速阀回路。

表 11 - 1　电磁阀动作顺序表

| 工况 ＼ 电磁铁 | 1YA | 2YA | 3YA | 4YA |
|---|---|---|---|---|
| 快　进 | | | | |
| 一工进 | | | | |
| 二工进 | | | | |
| 死挡铁停留 | | | | |
| 快　退 | | | | |
| 原位停留 | | | | |

# 项目十二　综合应用(一)压力机液压控制系统设计

项目描述

　　东莞某机械有限公司专业从事液压产品的设计、制造和销售,公司主导产品有框架式油压机、四柱油压机、弓型(开式)油压机等,广泛应用于不锈钢制品、铝制品和汽车配件、钟表、眼镜、饰品、电机、电器、电子元件、皮革、砂轮等行业,同时根据各行业工艺要求,设计制造专业油压机械,提供专用生产线成套液压设备。图 12-1 为压力机外形。

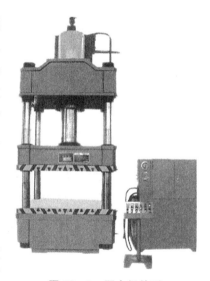

项目分析

　　主机为三梁四柱式结构,上滑块由四柱导向、上液压缸驱动,实现"快速下行-慢速加压-保压延时-快速回程-原位停止"的动作循环。下液压缸布置在工作台中

**图 12-1　压力机外形**

间孔内,驱动下滑块实现"向上顶出-向下退回"或"浮动压边下行-停止-顶出"的动作循环。压力机液压系统以压力控制为主,系统压力高,流量大,功率大,尤其要注意如何提高系统效率和防止产生液压冲击。

知识目标

1. 能识读液压传动系统图,能正确识别液压基本回路。
2. 能正确组装并调试液压系统,能运用工作机构相关技术资料建立液压回路。

3.掌握典型液压系统中各元件的作用和相互联系。

 技能目标

1.能够运用液压传动系统基本知识,正确分析与操作典型的液压系统。
2.能够正确分析和总结典型的液压传动系统的特点。
3.能对简单的液动系统进行设计与控制。

# 任务一　认识压力机液压控制
# 系统组成及结构形式

压力机是一种结构精巧的通用性液压机械,具有用途广泛,生产效率高等特点,可用于切断、冲孔、落料、弯曲、铆合和成型等工艺。通过对金属坯料施加强大的压力使金属发生塑性变形和断裂来加工零件。

三梁四柱式压力机由主机及控制机械两大部分组成。通过管路及电气系统装置联系起来构成完整的一体,主机部分由机身、主缸、顶出油缸三部分组成。控制机构包括动力结构、限程装置、管路及电气箱等几部分组成。现将各部分结构和作用分述如下:

1) 机身

三梁四柱压力机机身由上横梁、滑块、工作台、立柱、锁紧螺母及调节螺母等组成,依靠四根立柱为骨架,上横梁、工作台由锁紧螺母固定于两端,将机器构成一整体。机器的精度由调节螺母来调节,在滑块四角内装有耐磨材料的导向套,导向套由内六角螺钉紧固于滑块上下端面上。并有防尘羊毛毡进行防尘。滑块的上端面与油缸活塞杆的法兰相联接,依靠四根立柱作导向上下运动,在工作台上表面及滑块下表面均设有 T 型槽,以便安装模具。

2) 主缸

本机的主缸结构为活塞式油缸,由缸体、导向套、活塞头、活塞杆、锁母、联接法兰、缸口法兰等组成。其缸体依靠缸口台肩及大锁母紧固于上横梁中孔内,活塞下端面由联接法兰与滑块相联。活塞头安装在活塞杆上,由锁紧螺母紧固,在活塞头上装有两组方向相反的 YA 型密封圈内六角螺钉,将油缸分隔成两个油腔,而实现压制、回程动作。缸口导套安装在缸体下端,在缸口导套的内孔也装有 YA 型密封圈,在外圆上装有 O 型密封圈,由缸口法兰、内六角螺钉紧固于油缸体的端面上以保证密封缸口密封。

3）动力机构

动力机构位于机器的右侧，由油箱、泵、电动机、液压阀等组成，它是产生和分配液压油而使主机实现各种动作的机构，油箱为钢板焊接件，在油箱侧面设有清洗窗口，以便清洗用。在油箱的前面装有液位计，以观察液位用。本机的油泵为轴向柱塞泵，在泵的进口装有吸油滤油器，以保证液压系统的清洁度。油泵由内六角螺钉紧固于泵座上，电机和油泵由内齿式联轴器相联。电机、泵座由六角螺钉紧固于油箱面板上，其油泵结构详见轴向柱塞泵使用说明书，这里不做赘述。本机液压控制采用高压液压阀，并将液压阀集成于一起安装在油箱面板上，本机所选液压阀有溢流阀、电磁换向阀、单向阀、液控单向阀等，其元件均为ISO标准元件，详见液压元件手册。在油箱面板上装有空气滤清器，以便注入液压油和过滤空气。

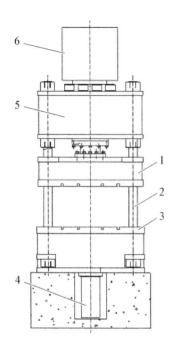

图 12 - 2　压力机结构
1-滑块；2-立柱；3-工作台；
4-顶出液压缸；5-横梁；6-主液压缸

4）限程装置

限程装置位于主机的右前侧，它由垫块、支架、感应块、无触点行程开关、开关底板等组成，两只垫块分别安装于上横梁和工作台上，由内六角螺钉将支架固定于垫块上，感应块由内六角螺钉固定于滑块上，无触点行程开关由半圆头螺钉固定于开关底板上，底板固定于支架的长槽中，调节底板上的内六角螺钉就可控制滑块的感应距离。主机结构如图 12 - 2 所示。

# 任务二　压力机液压控制系统设计

液压系统由能源转换装置（泵和油缸）、能量调节装置（各种阀）以及能量输送装置（油箱、管路）等所组成，借助于电气系统的控制，驱动滑块完成各种工艺动作循环。上滑块由四柱导向、上液压缸驱动，实现"快速下行-慢速加压-保压延时-快速回程-原位停止"的动作循环。下液压缸布置在工作台中间孔内，驱动下滑块实现"向上顶出-向下退回"或"浮动压边下行-停止-顶出"的动作循环。压力机液压系统以压力控制为主，系统压力高，流量大，功率大，尤其要注意如何提高系统效率和防止产生液压冲击。

本机器具有调整和半自动两种工作方式可供选择。

半自动操作为按压"电机启动"按钮后，按"压制"按钮，使滑块自动完成一个工艺动作循环，其工艺动作循环为：滑块快下-滑块慢下-保压延时-泄压延时-滑块回程—滑块回程停止。在半自动操作中,按工艺方式又可分为定压和定程两种。液压原理如图 12-3 所示。

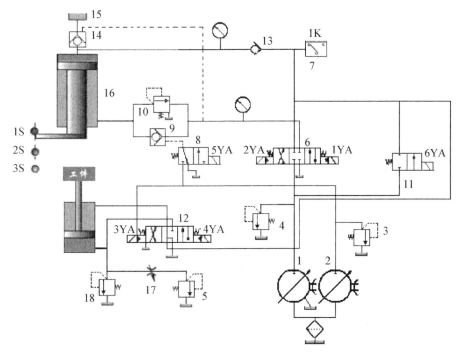

图 12-3 液压原理

压力机液压系统回路控制阀动作顺序如表 12-1 所示。

表 12-1 压力机液压系统回路控制阀动作顺序表

| 动作顺序 | 1YA | 2YA | 3YA | 4YA | 5YA | 6YA | 压力继电器 |
|---|---|---|---|---|---|---|---|
| 快速下行 | + | | | | + | | |
| 慢速加压 | + | | | | | | |
| 保 压 | | | | | | | + |
| 卸压回程 | | + | | | | | |
| 停 止 | | | | | | | |
| 顶 出 | | | + | | | | |
| 退 回 | | | | + | | | |
| 压 边 | | | + | | | | |
| 浮动拉伸 | | | | | | + | |

**压力机控制系统**

1) 控制要求

初始状态时,滑块处于原点位置,顶出液压缸处于回缩状态。

压下手动换向阀(安全门关),按下起始按钮,滑块快速下行,当主缸加压位置传感器检测到滑块时,滑块慢速加压,加压结束后,系统保压。保压结束后,滑块泄压回程,回到原点位置停止。按下顶出缸顶出按钮,顶出缸顶出,按下顶出缸缩回按钮,顶出缸缩回。控制系统配置及 PLC 选型如表 12-2 和表 12-3 所示,PLC 控制系统硬件设计如表12-4 所示。

表 12-2　电气元件清单

| 元器件名称 | 数　量 | 元器件名称 | 数　量 |
|---|---|---|---|
| 380VAC 电源 | 1 | 按钮开关 | 3 |
| 24VDC 电源 | 1 | 传感器 | 3 |
| 断路器 | 2 | | |

表 12-3　液压元件清单

| 元器件名称 | 数　量 | 元器件名称 | 数　量 |
|---|---|---|---|
| 交流电动机 | 2 | 先导式溢流阀 | 1 |
| 液压泵 | 2 | 三位四通电磁换向阀 | 2 |
| 油　箱 | 1 | 二位三通电磁换向阀 | 1 |
| 液压缸 | 2 | 液控单向阀 | 2 |
| 直动式溢流阀 | 4 | 二位二通电磁换向阀 | 1 |
| 单向阀 | 1 | 三菱 PLC 主机 | 1 |
| 节流阀 | 1 | 压力继电器 | 1 |

表 12-4　PLC 控制系统硬件设计

| 地　址 | 说　明 | 地　址 | 说　明 |
|---|---|---|---|
| X1 | 主缸启动按钮 | Y1 | 电磁换向阀6　2YA |
| X2 | 顶出缸顶出按钮 | Y2 | 电磁换向阀6　1YA |
| X3 | 主缸原点位置 | Y3 | 电磁换向阀12　4YA |
| X4 | 主缸加压位置 | Y4 | 电磁换向阀12　3YA |
| X5 | 主缸保压位置 | Y5 | 电磁换向阀8　5YA |
| X6 | 顶出缸缩回按钮 | Y6 | 电磁换向阀11　6YA |

采用宇龙机电仿真软件对压力机的运行效果进行仿真操作,仿真实物图如图 12 - 4 所示,PLC 控制的电动系统仿真如图 12 - 5 所示。

图 12 - 4　压力机的仿真实物

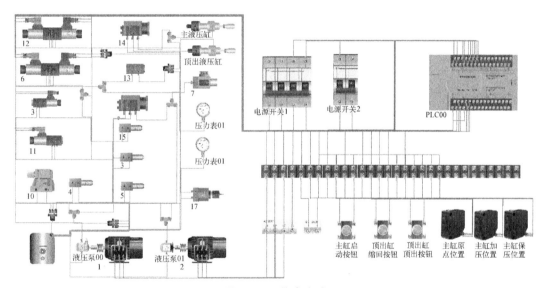

图 12 - 5　仿真实验

2) 压力机控制系统仿真

控制要求:初始状态时,滑块处于原点位置,顶出液压缸处于回缩状态。

压下手动换向阀(安全门关),按下起始按钮,滑块快速下行,当主缸加压位置传感器检测到滑块时,滑块慢速加压,加压结束后,系统保压。保压结束后,滑块泄压回程,回到原点位置停止。按下顶出缸顶出按钮,顶出缸顶出,按下顶出缸缩回按钮,顶出缸缩回。

采用宇龙机电控制仿真软件进行系统模拟运行,仿真实验如图 12 - 5 所示。

3) PLC 控制系统设计

压力机电气控制的核心是可编程控制器,按照控制要求可知系统有 6 个输入信号,6

个输出信号,所以选用输入和输出点的个数都大于 12 的 PLC,PLC 程序如图 12-6 所示。

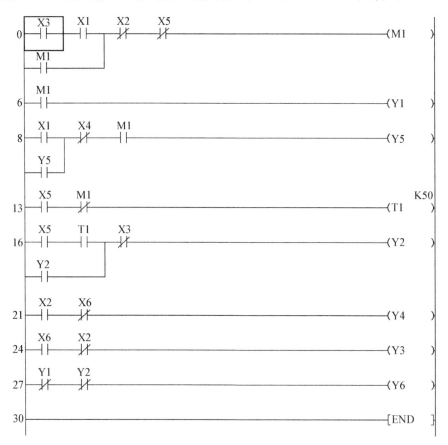

图 12-6 PLC 程序

 **项目小结**

本项目通过压力机的设计,介绍了液压系统设计与组建的流程。首先要安装计算机辅助设计软件 FluidSIM 或宇龙机电控制仿真软件,接着在原理图编辑器中完成原理图的绘制,仿真运行通过后,就可以采用实物组建完整的液压系统。

 **实践训练**

表 12-5 任务实施工作任务单

| 姓名 | | 班级 | | 组别 | | 日期 | |
|------|---|------|---|------|---|------|---|
| 任务名称 | 压力机液压控制系统设计与应用 | | | | | | |
| 工作任务 | 根据工作要求设计压力机液压控制系统 | | | | | | |

（续表）

| 任务描述 | 在实训室,根据压力机的控制原理,选用合理的控制阀,设计压力机液压控制回路,安装、连接好回路并调试完成系统功能 | | | | |
|---|---|---|---|---|---|
| 任务要求 | 1. 正确使用相关工具,分析设计出液压回路图 | | | | |
| | 2. 正确选用和连接元器件,调试运行液压系统,完成系统功能 | | | | |
| | 3. 调节阀,观察工作状况变化 | | | | |
| 提交成果 | 1. 压力机液压控制回路图 | | | | |
| | 2. 压力机液压控制回路的调试分析报告 | | | | |
| 考核评价 | 序号 | 考核内容 | 配分 | 评分标准 | 得分 |
| | 1 | 安全文明操作 | 20 | 遵守安全规章、制度,正确使用工具 | |
| | 2 | 绘制液压系统回路图 | 10 | 图形绘制正确,符号规范 | |
| | 3 | 回路正确连接 | 10 | 元器件连接有序正确 | |
| | 4 | 系统运行调试 | 50 | 系统运行平稳,能满足工作要求 | |
| | 5 | 团队协作 | 10 | 与他人合作有效 | |
| 指导教师 | | | | 总　分 | |

# 课 后 习 题

**1. 填空题**

(1) 蓄能器是液压系统中的储能元件,它_____多余的液压油液,并在需要时_____出来供给系统。

(2) 蓄能器有_____式、_____式和充气式三类,常用的是_____式。

(3) 蓄能器的功能是_____、_____和缓和冲击,吸收压力脉动。

(4) 滤油器的功能是过滤混在液压油液中的_____,降低进入系统中油液的_____度,保证系统正常地工作。

(5) 滤油器在液压系统中的安装位置通常有:安装在泵的_____处、泵的油路上、系统的_____路上、系统_____油路上或安装单独过滤系统。

(6) 油箱的功能主要是_____油液,此外还起着_____油液中热量、_____混在油液中的气体、沉淀油液中污物等作用。

(7) 在液压传动中,常用的油管有_____管、_____管、尼龙管、塑料管、橡胶软管等。

**2. 判断题**

(1) 在液压系统中,油箱唯一的作用是储存油。　　　　　　　　　　( 　 )

（2）滤油器的作用是清除油液中的空气和水分。　　　　　　　　　　（　　）

（3）油泵进油管路堵塞将使油泵温度升高。　　　　　　　　　　　　（　　）

（4）防止液压系统油液污染的唯一方法是采用高质量的油液。　　　　（　　）

（5）油泵进油管路如果密封不好（例如有一个小孔），油泵可能吸不上油。（　　）

（6）滤油器只能安装在进油路上。　　　　　　　　　　　　　　　　　（　　）

（7）滤油器只能单向使用，即按规定的液流方向安装。　　　　　　　　（　　）

（8）气囊式蓄能器应垂直安装，油口向下。　　　　　　　　　　　　　（　　）

**3. 填表题**

（1）自动钻床液压系统如图 12 - 7 所示，能实现"A 进（送料）→A 退回→B 进（夹紧）→C 快进→C 工进（钻削）→C 快退→B 退（松开）→停止"。试列出此工作循环时电磁铁的状态于表 12 - 6 中。

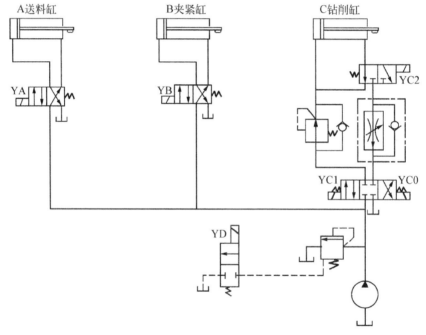

图 12 - 7　自动钻床液压系统

表 12 - 6

| 工 作 过 程 | 电 磁 铁 状 态 | | | | | |
| --- | --- | --- | --- | --- | --- | --- |
| | YA | YB | YC0 | YC1 | YC2 | YD |
| A 进（送料） | | | | | | |
| A 退回 | | | | | | |
| B 进（夹紧） | | | | | | |
| C 快进 | | | | | | |

（续表）

| 工 作 过 程 | 电 磁 铁 状 态 | | | | | |
|---|---|---|---|---|---|---|
| | YA | YB | YC0 | YC1 | YC2 | YD |
| C 工进(钻削) | | | | | | |
| C 快退 | | | | | | |
| B 退(松开) | | | | | | |
| 停止 | | | | | | |

注：电磁铁通电时填1或＋,断电时填0或－。

（2）如图12－8所示的液压传动系统,液压缸能够实现图中所示的动作循环,试填写表12－7中所列控制元件的动作顺序。

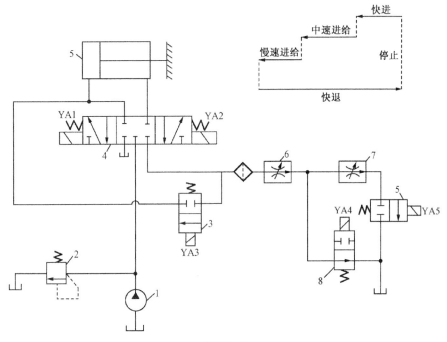

图 12－8

表 12－7

| 动 作 循 环 | 电 磁 铁 状 态 | | | | |
|---|---|---|---|---|---|
| | YA1 | YA2 | YA3 | YA4 | YA5 |
| 快　进 | | | | | |
| 中速进给 | | | | | |
| 慢速进给 | | | | | |
| 快　退 | | | | | |
| 停　止 | | | | | |

### 4. 问答题

（1）滤油器有哪些功能？一般应安装在什么位置？

（2）简述油箱以及油箱内隔板的功能。

（3）滤油器在选择时应注意哪些问题？

（4）密封装置有哪些类型？

（5）简述造成数控车床在工作时油温过高的原因及检修方法。

（6）为何要对液压系统进行清洗？如何清洗？

# 项目十三　综合应用（二）外圆磨床液压系统分析与组建

项目描述

外圆磨床分为普通外圆磨床和万能外圆磨床，其中万能外圆磨床是应用最广泛的磨床。在外圆磨床上可磨削各种轴类和套筒类工件的外圆柱面、外圆锥面以及台阶轴端面等。图 13-1 是 M1432A 型万能外圆磨床的外形图。对万能外圆磨床的工作要求：砂轮旋转、工件旋转、带动工件的往复运动、砂轮架的周期切入运动、砂轮架还可快速进退、尾架顶尖可以伸缩。在这些运动中，除了砂轮与工件的旋转由电动机驱动外，其余的运动均由液压传动来实现。对外圆磨床液压系统的要求如下：必须具有良好的换向性能（平稳性和灵敏度）和必要的换向精度，如换向冲击要小，换向精度要高，超程量小，换向停留时间可调以及换向时间短等。

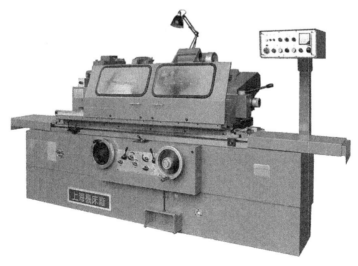

图 13-1　M1432A 型万能外圆磨床

 项目分析

　　M1432A 型万能外圆磨床主要用于磨削 IT5～IT7 精度的圆柱形或圆锥形外圆和内孔。该机床的液压系统能够完成的主要任务是：工作台的往复运动和抖动，砂轮架的横向快速进退运动和周期进给运动，尾架顶尖的退回运动，工作台液动与手动的互锁，砂轮架丝杠螺母间隙的消除及机床的润滑等。

 知识目标

　　1. 了解 M1432A 型万能外圆磨床的功能特点。
　　2. 读懂 M1432A 型万能外圆磨床液压系统图。
　　3. 理解 M1432A 型万能外圆磨床液压系统的工作原理、特点。

能力目标

　　1. 识读液压传动系统图，能正确分析各液压基本子功能回路及整体回路。
　　2. 能在 FluidSIM 及宇龙仿真软件上正确建立 M1432A 万能外圆磨床的液压系统。
　　3. 掌握典型液压系统中各元件的功能及相互作用。

# 任务一　认识 M1432A 型万能 外圆磨床液压系统

**支撑知识**

　　M1432A 型万能外圆磨床主要用于磨削 IT5～IT7 精度的圆柱形或圆锥形外圆和内孔。该机床的液压系统能够完成的主要任务是：工作台的往复运动和抖动，砂轮架的横向快速进退运动和周期进给运动，尾架顶尖的退回运动，工作台液动与手动的互锁，砂轮架丝杠螺母间隙的消除及机床的润滑等。其外观结构如图 13 - 2 所示，液压系统如图 13 - 3 所示。

　　1. M1432A 万能外圆磨床液压系统的功能

　　(1) 能实现工作台的自动往复运动，并能在 0.05～4 m/min 范围内实现无级调速，工作台换向平稳，起动制动迅速，换向精度高。

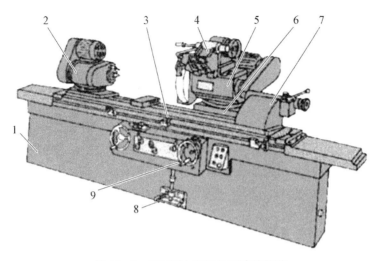

**图 13-2　M1432A 万能外圆磨床结构**

1-床身;2-头架;3-工作台;4-内圆磨具;5-砂轮架;6-滑鞍;7-尾座;8-脚踏操纵板;9-横向进给手轮

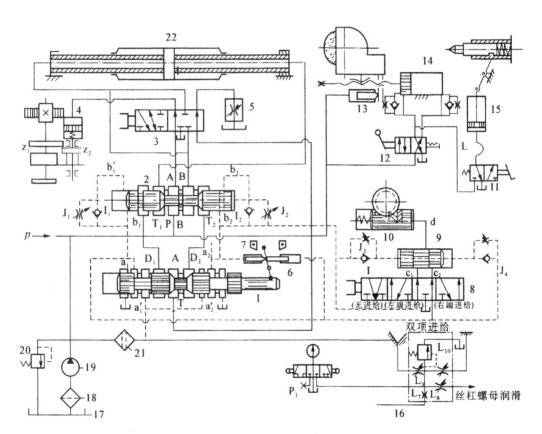

**图 13-3　M1432A 万能外圆磨床液压系统**

1-先导阀;2-换向阀;3-启停阀;4-互锁缸;5-节流阀;6-抖动缸;7-挡块;8-选择阀;9-进给阀;10-进给缸;11-尾架换向阀;12-快速换向阀;13-闸缸;14-快动缸;15-尾架缸;16-润滑稳定器;17-油箱;18-粗过滤器;19-油泵;20-溢流阀;21-精过滤器;22-工作台进给缸

（2）在装卸工件和测量工件时，为缩短辅助时间，砂轮架具有快速进退动作，为避免惯性冲击，控制砂轮架快速进退的液压缸设置有缓冲装置。

（3）为方便装卸工件，尾架顶尖的伸缩采用液压传动。

（4）工作台可作微量抖动：切入磨削或加工工件略大于砂轮宽度时，为了提高生产率和改善表面粗糙度，工作台可作短距离（1～3 mm）、频繁往复运动（100～150 次/min）。

（5）传动系统具有必要的联锁动作：

① 工作台的液动与手动联锁，以免液动时带动手轮旋转引起工伤事故。

② 砂轮架快速前进时，可保证尾架顶尖不后退，以免加工时工件脱落。

③ 磨内孔时，为使砂轮不后退，传动系统中设置有与砂轮架快速后退联锁的机构，以免撞坏工件或砂轮。

④ 砂轮架快进时，头架带动工件转动，冷却泵启动；砂轮架快速后退时，头架与冷却泵电机停转。

2. 磨削外圆表面的工作过程

工件夹在头架卡盘里，尾架顶尖顶紧工件，头架驱动工件转动，工作台往复运动，砂轮架快速前进，砂轮电机驱动砂轮转动，磨削工件。工件磨削完成时，砂轮架快退，工作台往复运动停止，松开顶尖取下工件。

# 任务二　M1432A 型万能外圆磨床液压系统的分析

（一）外圆磨床液压系统工作原理分析

1. 工作台的往复运动

（1）工作台右行：如图 13 - 3 所示状态，先导阀、换向阀阀芯均处于右端，启停阀处于右位。其主油路如下：

进油路：液压泵 19→换向阀 2 右位（P→A）→液压缸 22 右腔；

回油路：液压缸 22 左腔→换向阀 2 右位（B→$T_2$）→先导阀 1 右位→启停阀 3 右位→节流阀 5→油箱。

液压油推动液压缸带动工作台向右运动，其运动速度由节流阀来调节。

（2）工作台左行：当工作台右行到预定位置时，其左侧挡块碰到与先导阀 1 的阀芯相连接的杠杆，使先导阀芯左移，开始工作台的换向过程。先导阀芯左移过程中，其阀芯中段制动锥 A 的右边逐渐将回油路上通向节流阀 5 的通道（$D_2$→T）关小，使工作台逐渐减速制动，实现预制动；当先导阀阀芯继续向左移动到先导阀芯右部环形槽时，使 $a_2$ 点与高压油路 $a_2'$ 相通，先导阀芯左部环槽使 $a_1$→$a_1'$ 接通油箱时，控制油路被切换。这时，借助于抖动缸推动先导阀向左快速移动(快跳)。其油路如下：

进油路：泵 19→精滤油器 21→先导阀 1 左位($a_2'→a_2$)→抖动缸 6 左端；

回油路：抖动缸 6 右端→先导阀 1 左位($a_1→a_1'$)→油箱。

2. 工作台的换向过程

(1) 工况对万能外圆磨床工作台换向的要求：自动换向，且过程平稳、制动和反向启动迅速；换向精度高。采用手动换向(不能实现自动往复运动)、机动换向(低速时会出现死点)、电磁铁换向(换向时间短、冲击大)都不行。

(2) 行程控制制动式换向回路。如图 13 - 4 所示为行程控制制动式换向回路，采用起先导作用的机动阀＋主液动阀，其特点是先导阀不仅对操纵主阀的控制压力油起控制作用，还直接参与工作台换向制动过程的控制，预制动和终制动两步，换向平稳，冲击小。

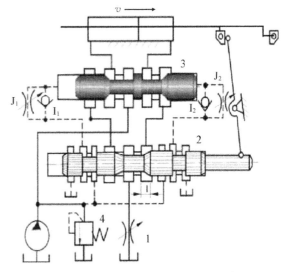

**图 13 - 4　行程控制制动式换向回路**
1-节流阀；2-先导阀；3-换向阀；4-溢流阀

因为抖动缸的直径很小，上述流量很小的压力油足以使之快速右移，并通过杠杆使先导阀芯快跳到左端，从而使通过先导阀到达换向阀右端的控制压力油路迅速打通，同时又使换向阀左端的回油路也迅速打通。这时，控制油路如下：

进油路：泵 19→精滤油器 21→先导阀 1 左位($a_2'→a_2$)→单向阀 $I_2$→换向阀 2 右端；

回油路：换向阀 2 左端回油路在换向阀芯左移过程中有三种变换。

首先，换向阀 2 左端 $b_1'$→先导阀 1 左位($a_1→a_1'$)→油箱。换向阀阀芯因回油畅通而迅速左移，实现第一次快跳。当换向阀芯 1 快跳到制动锥 C 的右侧时，关小主回油路($B→T_2$)通道，工作台便迅速制动(终制动)。换向阀阀芯继续迅速左移到中部台阶处于阀体中间沉割槽的中心处时，液压缸两腔都通压力油，工作台便停止运动。

换向阀芯在控制压力油作用下继续左移，换向阀芯左端回油路改为：换向阀 2 左端→节流阀 $J_1$→先导阀 1 左位→油箱。这时，换向阀芯按节流阀(停留阀)$J_1$ 调节的速度左移，由于换向阀体中心沉割槽的宽度大于中部台阶的宽度，所以，阀芯慢速左移的一定时间内，液压缸两腔继续保持互通，使工作台在端点保持短暂的停留。其停留时间在 0～5 s 内，由节流阀 $J_1$、$J_2$ 调节。

最后，当换向阀芯慢速左移到左部环形槽与油路($b_1→b_1'$)相通时，换向阀左端控制油的回油路又变为：换向阀 2 左端→油路 $b_1$→换向阀 2 左部环形槽→油路 $b_1'$→先导阀 1

左位→油箱。这时,由于换向阀左端回油路畅通,换向阀芯实现第二次快跳,使主油路迅速切换,工作台则迅速反向启动(左行)。这时的主油路如下:

进油路:泵 19→换向阀 2 左位(P→B)→液压缸 22 左腔;

回油路:液压缸 22 右腔→换向阀 2 左位(A→$T_1$)→先导阀 1 左位($D_1$→′T′)→开停阀 3 右位→节流 5→油箱。

当工作台左行到位时,工作台上的挡铁又碰杠杆推动先导阀右移,重复上述换向过程;实现工作台的自动换向(见图 13-5)。

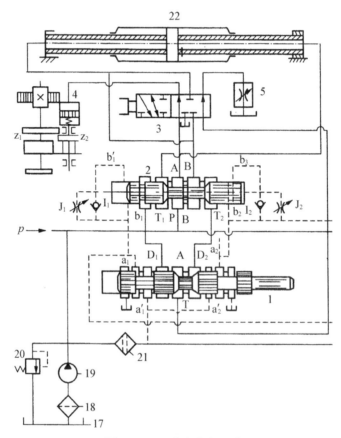

图 13-5　工作台往复运动

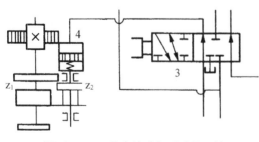

图 13-6　工作台液动与手动的互锁

### 3. 工作台液动与手动的互锁

工作台液动与手动的互锁是由互锁缸 4 来完成的。当启停阀 3 处于如图 13-6 所示位置时,互锁缸 4 的活塞在压力油的作用下压缩弹簧并推动齿轮 $z_1$ 和 $z_2$ 脱开,这样,当工作台液动(往复运动)时,手轮不会转动。

当启停阀3处于左位时,互锁缸4通油箱,活塞在弹簧力的作用下带着齿轮$z_2$移动,$z_2$与$z_1$啮合,工作台就可用手摇机构摇动以调整工件。

4. 砂轮架的快速进、退运动

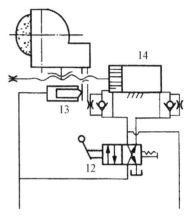

砂轮架的快速进退运动是由手动二位四通换向阀12(快动阀)来操纵,由快动缸来实现的。在图13-7所示位置时,快动阀右位接入系统,压力油经快动换向阀12右位进入快动缸14右腔,砂轮架快进到前端位置,快进终点是靠活塞与缸体端盖相接触来保证其重复定位精度;当快动缸左位接入系统时,砂轮架快速后退到最后端位置。为防止砂轮架在快速运动到达前后终点处产生冲击,在快动缸两端设缓冲装置,并设有抵住砂轮架的闸缸13,用以消除丝杠和螺母间的间隙。

图 13-7　砂轮架的快进快退运动

手动换向阀12(快动阀)的下面装有一个自动启、闭头架电动机和冷却电动机的行程开关和一个与内圆磨具联锁的电磁铁(图上均未画出)。当手动换向阀12(快动阀)处于右位使砂轮架处于快进时,手动阀的手柄压下行程开关,使头架电动机和冷却电动机启动。当翻下内圆磨具进行内孔磨削时,内圆磨具压另一行程开关,使联锁电磁铁通电吸合,将快动阀锁住在左位(砂轮架在退的位置),以防止误动作,保证安全。

5. 砂轮架的周期进给运动

砂轮架的周期进给运动是由选择阀8、进给阀9、进给缸10通过棘爪、棘轮、齿轮、丝杠来完成的。选择阀8根据加工需要可以使砂轮架在工件左端或右端时进给,也可在工件两端都进给(双向进给),也可以不进给,共四个位置可供选择。

图13-8为双向进给,周期进给油路如下:压力油从$a_1$点→$J_4$→进给阀9右端;进给阀9左端→$I_3$→$a_2$→先导阀1→油箱。进给缸10→d→进给阀9→$c_1$→选择阀8→$a_2$→先导阀1→油箱,进给缸柱塞在弹簧力的作用下复位。当工作台开始换向时,先导阀换位(左移)使$a_2$点变高压、$a_1$点变为低压(回油箱);此时,周期进给油路为:压力油从$a_2$→$J_3$→进给阀9左端;进给阀9右端→$I_4$→$a_1$点→先导阀1—油箱,使进给阀右移;与此同时,压力油经$a_2$点→选择阀8→$c_1$→进给阀9→d→进给缸10,推动进给缸柱塞左移,柱塞上的棘爪拨棘轮转动一个角度,通过齿轮等推砂轮架进给一次。在进给阀活塞继续右移时堵住$c_1$而打通$c_2$,这时,进给缸右端→d→进给阀→$c_2$→选择阀→$a_1$→先导阀→$a_1'$→油箱,进给缸在弹簧力的作用下再次复位;当工作台再次换向,再周期进给一次。若将选择阀转到其他位置,如右端进给,则工作台只有在换向到右端才进给一次,其进给过程不再赘述。从上述周期进给过程可知,每进给一次是由一股压力油(压力脉冲)推进给缸柱塞上的棘爪拨棘轮转一角度。调节进给阀两端的节流:阀$J_3$、$J_4$,就可调节压力脉冲的时期长短,从而调节进给量的大小。

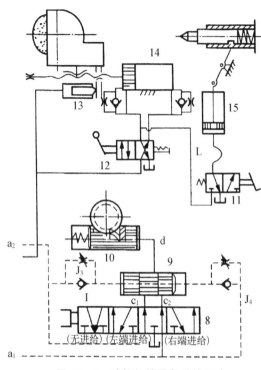

**图 13 - 8　砂轮架的周期进给回路**

### 6. 尾架顶尖的松开与夹紧

尾架顶尖只有在砂轮架处于后退位置时才允许松开。为操作方便,采用脚踏式二位三通阀 11(尾架阀)来操纵,由尾架缸 15 来实现。由图 13 - 8 可知,只有当快动阀 12 处于左位、砂轮架处于后退位置、脚踏尾架阀处于右位时,才能有压力油通过尾架阀进入尾架缸推杠杆拨尾顶尖松开工件。当快动阀处于右位(砂轮架处于前端位置)时,油路 L 为低压(回油箱),这时,即使误踏尾架阀 11,也无压力油进入尾架缸 15,顶尖也就不会推出。尾顶尖的夹紧依靠弹簧力。

### 7. 抖动缸的功用

抖动缸 6 的功用有两个:第一是帮助先导阀 1 实现换向过程中的快跳;第二是当工作台需要作频繁短距离换向时实现工作台的抖动。

当砂轮作切入磨削或磨削短圆槽时,为提高磨削表面质量和磨削效率,需工作台频繁短距离换向——抖动。这时,将换向阀挡铁调得很近或夹住换向杠杆,当工作台向左或向右移动时,挡铁带杠杆使先导阀阀芯向右或向左移动一个很小的距离,使先导阀 1 的控制进油路和回油路仅有一个很小的开口。通过此很小开口的压力油不可能使换向阀阀芯快速移动,这时,因为抖动缸柱塞直径很小。所通过的压力油足以使抖动缸快速移动。抖动缸的快速移动推动杠带先导阀快速移动(换向),迅速打开控制油路的进、回油口,使换向阀也迅速换向,从而使工作台作短距离频繁往复换向——抖动。

### 8. 磨床的润滑

图 13 - 9 为磨床的润滑回路。液压泵输出的油液有一部分经精滤油器到达润滑稳定器,经稳定器进行压力调节及分流后,送至导轨、丝杠螺母、轴承等处进行润滑。

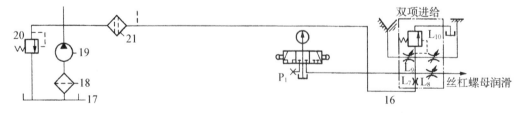

**图 13 - 9　磨床的润滑回路**

9. 压力的测量

系统中的压力可通过压力表开关由压力表测定,如:在压力表开关处于左位时测出的是系统的工作压力,而在右位时则可测出润滑系统的压力。

(二)外圆磨床液压系统的特点分析

(1)由活塞杆固定的双杆液压缸,保证了左右两个方向运动速度的一致,又减少了机床占地面积。

(2)采用了结构简单、价格便宜的回油节流阀调整回路,它适合应用在负载小且基本恒定的磨床工作台往复运动系统。另外由于回油节流阀调速使液压缸回油腔产生背压,有利于工作台运动平稳和有助于工作台的制动。

(3)液压系统采用行程控制制动式为主,兼备时间控制制动式的换向回路。工作台能实现预制动、终制动、端点停留和反向起动的换向过程,使其换向精度和换向性能满足了万能外圆磨床的工作要求。

(4)采用了把先导阀、换向阀和开停阀等制成在一个共同阀体内的液压操纵箱式结构。它能显著地缩小液压元件的总体积,缩短阀门通道长度,减少管接头的数目,使得结构紧凑,操纵方便。

(5)设置了抖动缸,可实现工作台抖动,满足了切入磨削的工艺要求,并保证了低速换向可靠性。

# 任务三　M1432A 型万能外圆磨床液压系统的构建与仿真

根据 M1432A 型万能外圆磨床液压系统的原理图 13-3,应用 FluidSIM 软件进行液压回路的绘图与仿真。

(1)建立液压回路模型、设计电气控制回路。

(2)从元件库中选出所需的气动元件、电气元件。

(3)根据气动回路、电路图正确连接各元件。

(4)设置各元件参数和仿真参数。

(5)启动仿真,观察各元件动作及仿真结果。

(6)若仿真结果不正确,检查以上各步骤是否存在问题,改正并再次调试,直至结果正确。

任务考核与评价

表 13 - 1　任务实施工作任务单

| 姓名 | | 班级 | | 组别 | | 日期 | |
|---|---|---|---|---|---|---|---|
| 任务名称 | M1432A 型万能外圆磨床液压系统分析 | | | | | | |
| 工作任务 | 分析 M1432A 型万能外圆磨床液压系统的原理、工作特点 | | | | | | |
| 任务描述 | 在计算机上利用 FluidSIM 软件对 M1432A 型万能外圆磨床液压系统进行建模与仿真分析 | | | | | | |
| 任务要求 | 1. 使用仿真软件,正确选用和连接元器件,构建出液压系统图 | | | | | | |
| | 2. 调试各子功能回路,完成系统所需的功能动作 | | | | | | |
| | 3. 调节压力、速度、方向,观察执行液压缸的工作状况变化 | | | | | | |
| 提交成果 | 1. M1432A 型万能外圆磨床液压系统原理图 | | | | | | |
| | 2. M1432A 型万能外圆磨床液压系统的调试分析报告 | | | | | | |
| 考核评价 | 序号 | 考核内容 | 配分 | 评分标准 | | 得分 | |
| | 1 | 职业素养 | 10 | 遵守安全规章、制度,正确使用工具 | | | |
| | 2 | 绘制液压系统原理图 | 20 | 图形绘制正确,符号规范 | | | |
| | 3 | 回路正确连接 | 10 | 元器件连接有序正确 | | | |
| | 4 | 系统运行调试 | 50 | 系统运行平稳,能满足工作要求 | | | |
| | 5 | 团队协作 | 10 | 与他人合作有效 | | | |
| 指导教师 | | | | 总　分 | | | |

项目小结

本节通过对万能外圆磨床液压系统的特点及工作原理的介绍,讲解了万能外圆磨床液压系统的工作组成部分及工作特点,进一步加深了液压系统的学习难度,加大了液压系统学习的应用范围。

## 课 后 习 题

**1. 选择题**

（1）M1432A 万能外圆液压传动系统由（　　　）砂轮架横向快速进退运动、机床导轨润滑等部分组成。

A. 工作台直线往复运动

B. 砂轮架周期进给

C. 尾座顶尖的自动松开

(2) 当开停阀处于右位时,先导阀处于(　　)位置,工作台向右运动。

A. 左端　　　　　　B. 右端　　　　　　C. 中位

(3) 砂轮架的快进快退运动由(　　)操纵,由(　　)来实现。快动阀(　　)接入系统,砂轮架快速前进到其最前端位置。

A. 快动阀　　　　B. 快动缸　　　　C. 左位　　　　D. 右位

(4) 砂轮架的周期进给运动:左进给、右进给、双向进给、无进给,由(　　)的位置决定。

A. 选择阀　　　　B. 进给阀　　　　C. 尾架阀　　　　D. 快动阀

(5) 工作台液动与手动的互锁是由(　　)来完成的。当开停阀处于(　　)时,互锁缸通油箱,工作台就可用手摇机构摇动以调整工件。

A. 互锁缸　　　　B. 开停阀　　　　C. 右位　　　　D. 左位

(6) 只有当快动阀处于(　　)、砂轮架处于后退位置、脚踏尾架阀处于(　　)时,才能有压力油通过尾架阀进入尾架缸推杠杆拨尾顶尖松开工件。

A. 左位　　　　　B. 右位　　　　　C. 中位

(7) 抖动缸的功用:一是帮助先导阀实现换向过程中的快跳,二是当工作台需要作频繁短距离换向时实现工作台的(　　)。

A. 换向　　　　　B. 往复运动　　　　C. 抖动　　　　D. 停止

(8) 液压泵输出的油液有一部分经到(　　)到达润滑稳定器,经稳定器进行压力调节及分流后,送至导轨、丝杠螺母、轴承等处进行(　　)。

A. 精滤油器　　　B. 粗滤油器　　　C. 润滑　　　　D. 冷却

(9) 压力表开关处于(　　)时测出的是系统的工作压力,而在(　　)时则可测出润滑系统的压力。

A. 右位　　　　　B. 左位　　　　　C. 中位

(10) 液压系统采用为(　　)主,兼备(　　)的换向回路。工作台能实现预制动、终制动、端点停留和反向起动的换向过程,使其换向精度和换向性能满足了万能外圆磨床的工作要求。

A. 时间控制制动式　　　　　　B. 手动

C. 行程控制制动式　　　　　　D. 电磁铁

**2. 问答题**

(1) 请分析 M1432A 万能外圆磨床工作台往复运动时的进油路和回油路。

(2) 请分析 M1432A 万能外圆磨床工作台的换向过程。

# 参考文献

[1] 韩京海.液压与气动应用技术[M](第二版).北京：电子工业出版社,2014.

[2] 吴卫荣.气动技术[M].北京：中国轻工业出版社,2011.

[3] 潘玉山.气动与液压技术[M].北京：机械工业出版社,2015.

[4] SMC(中国)有限公司.现代实用气动技术[M].北京：机械工业出版社,2008.

[5] 黄志坚.气动系统设计要点[M].北京：化学工业出版社,2015.

[6] 吴晓明.现代气动元件与系统[M].北京：化学工业出版社,2014.

[7] 张利平.现代气动系统使用维护及故障诊断[M].北京：化学工业出版社,2016.

[8] 张国军,王余扣.气动与液压控制技术项目训练教程[M].北京：高等教育出版社,2015.